L'apiculture pour les débutants

Comment créer et élever vos premières colonies d'abeilles ?

Jean Martin

audio, à moins que le consentement exprès de l'éditeur ne soit fourni au préalable. Tous droits supplémentaires réservés.

En outre, les informations qui se trouvent dans les pages décrites ci-après sont considérées comme exactes et véridiques lorsqu'il s'agit de relater des faits. À ce titre, toute utilisation, correcte ou incorrecte, des informations fournies dégagera l'éditeur de toute responsabilité quant aux actions entreprises en dehors de son champ d'action direct. Quoi qu'il en soit, il n'existe aucun scénario dans lequel l'auteur original ou l'éditeur peut être considéré comme responsable dans un cas de violation de la loi.

Sommario

Chapitre 1

L'étude scientifique des abeilles domestiques

Ce n'est qu'au XVIIIe siècle que l'étude systématique des colonies d'abeilles a été menée par des philosophes naturels européens et qu'ils ont commencé à comprendre le monde fascinant et secret de la biologie des abeilles. Swammerdam, René Antoine Ferchault de Réaumur, Charles Bonnet et François Huber ont été influents parmi ces pionniers de la recherche. Swammerdam et Réaumur ont également été les premiers à utiliser le microscope et la dissection pour comprendre la biologie interne des abeilles à miel. Réaumur a été l'un des premiers à créer une ruche d'observation à parois de verre pour aider à surveiller le comportement des ruches. Il a découvert des reines pondant des œufs dans des cellules ouvertes, mais n'avait guère d'idée sur la façon de féconder une reine ; personne n'avait jamais vu une reine et un faux-bourdon s'accoupler, et plusieurs hypothèses suggéraient que les reines étaient "autofertiles", tandis que d'autres prétendaient qu'un brouillard ou "miasme" émanant des faux-bourdons fécondait les reines sans aucune interaction physique. Par l'observation et les tests, Huber a été le premier à montrer que les reines sont physiquement inséminées par les bourdons au-delà des limites des ruches, généralement à une grande distance les unes des autres.

S'inspirant du style de Réaumur, Huber a mis en place des ruches d'observation à parois de verre améliorées et des ruches sectionnelles, qui pouvaient être ouvertes comme les feuilles d'un livre. Cela permettait l'inspection des rayons de cire individuels et améliorait considérablement l'observation directe de l'activité de la ruche. Huber engagea un assistant, François Burns, pour faire des rapports réguliers, réaliser des études méticuleuses et prendre des notes détaillées pendant plus de vingt ans, alors qu'il était devenu aveugle avant l'âge de vingt ans. Huber a confirmé qu'une ruche est composée d'une reine, qui est la mère des ouvrières et des mâles de la colonie. Il a également été le premier à signaler que l'accouplement avec les bourdons a lieu en dehors des ruches et que les reines sont inséminées par une série d'accouplements consécutifs avec des bourdons mâles, en l'air, à une distance considérable de leur ruche.

En 1768/1770, par exemple, Thomas Wildman rapporte les étapes intermédiaires de la transition de l'ancienne apiculture vers la moderne, expliquant les améliorations par rapport à l'ancienne apiculture dévastatrice basée sur le cynisme, de sorte qu'il n'était plus nécessaire de détruire les abeilles pour extraire le miel. Par exemple, Wildman a installé une paire parallèle de barres en bois sur le dessus d'une ruche en paille ou d'un sceptique (avec un dessus en paille séparé qui sera monté plus tard) "de sorte qu'il y ait au total sept barres" [dans une ruche de 10 pouces (250 mm)] "dans lesquelles les abeilles fixent leurs rayons". Il explique également l'utilisation de ces ruches dans une structure à plusieurs étages, préfigurant l'utilisation actuelle des hausses : il explique l'introduction (au bon moment) de ruches en paille successives en dessous et enfin l'élimination de celles du dessus lorsqu'elles sont libres de couvain et remplies de miel, afin de pouvoir conserver les abeilles séparément à la récolte pour la saison suivante.

Évolution de la conception des ruches

Les apiculteurs et les inventeurs des deux côtés de l'Atlantique sont tombés sur l'idée de Langstroth concernant les ruches à rayons libres, et une grande variété de ruches à rayons mobiles a été développée et inventée en Angleterre, en France, en Allemagne et aux États-Unis. Des modèles classiques sont apparus dans chaque pays : Les ruches Dadant et Langstroth sont toujours répandues aux États-Unis ; la ruche à auge De-Layens est devenue populaire en France, et une ruche British National est devenue courante au Royaume-Uni jusque dans les années 1930, tandis que la ruche Smith, plus petite, reste populaire en Écosse. La ruche à auge typique s'est maintenue dans certains pays nordiques et en Russie jusqu'à la fin du 20e siècle et est encore conservée dans certaines régions. Les modèles Langstroth et Dadant restent toutefois omniprésents aux États-Unis et dans d'autres parties de l'Europe, tandis que la Suède, le Danemark, l'Allemagne, la France et l'Italie ont tous leurs propres modèles de ruches nationales. Les différences régionales en matière de ruches se sont développées pour refléter l'environnement, la qualité de la flore et les caractéristiques de reproduction des différentes sous-espèces d'abeilles indigènes dans chaque bio-région.

Les différences de taille de toutes ces ruches sont négligeables en raison des facteurs généraux : elles sont toutes carrées ou rectangulaires ; elles utilisent toutes des cadres en bois compacts ; elles sont toutes constituées d'une base, d'une armoire à couvain, d'un magasin à miel, d'une planche de couverture et d'un toit. Les ruches ont historiquement été construites en bois de cèdre, de chêne ou de cyprès, mais les colonies fabriquées à partir d'un polystyrène dense moulé par injection sont devenues de plus en plus populaires ces dernières années.

Les ruches utilisent souvent des grilles à reine pour empêcher la reine de pondre dans les cellules adjacentes à celles contenant du miel destiné à être consommé entre la boîte à couvain et les hausses à miel. En général, avec l'introduction des acariens nuisibles au 20e siècle, les planchers des ruches sont fréquemment recouverts d'un grillage et d'un plateau souple pendant une partie de l'année (ou toute l'année).

En 2015, Cedar Anderson et son père Stuart Anderson ont développé en Australie la méthode Flow Hive, permettant d'extraire le miel sans recourir à de coûteuses centrifugeuses.

Chapitre 2

<u>Les avantages de l'apiculture</u>

De plus en plus de personnes dans le monde se rendent compte de la nécessité de l'apiculture. Vous vous demandez peut-être comment cela peut vous aider et quels changements vous pouvez apporter en devenant apiculteur. Il va sans dire que l'apiculture est un métier bénéfique. Le temps consacré à l'apiculture ne sera jamais perdu. Connaître les abeilles et être capable de gérer la colonie avec succès vous rendra fier.

En outre, l'abeille subit une pression mondiale. Sous l'influence combinée de nombreux facteurs, sa population diminue, notamment le réchauffement climatique et l'utilisation intensive de pesticides dans l'agriculture, qui ont pour effet de tuer un grand nombre d'abeilles.

En tant qu'apiculteur, vous pouvez bénéficier des principaux avantages suivants :

Utile et précieux

Vous deviendrez un producteur de choses utiles et précieuses dans le monde. L'apiculture vous permettra de produire du miel. Il s'agit d'une denrée populaire qui peut vous rapporter des bénéfices. Vous disposerez également d'une grande quantité de miel pour votre usage. La demande mondiale est si élevée que la production répond rarement entièrement aux besoins.

Toutefois, il est essentiel de noter que tous les apiculteurs ne se consacrent pas à la production de miel à des fins lucratives.

Récolter d'autres produits de la ruche

En plus du miel, vous deviendrez également producteur d'autres produits apicoles que nous avons vus. Le prix de ces produits de la ruche est considérable sur le marché. Vous pouvez viser à récolter en masse l'un de ces produits alternatifs de la ruche comme principal sous-produit de l'activité apicole. Les apiculteurs opérant à une échelle suffisante gagnent en effet beaucoup d'argent avec les produits de la ruche autres que le miel qu'ils récoltent et vendent. Nous en parlerons plus tard.

Contribuer à la protection

En devenant apiculteur, vous contribuerez au travail de l'apiculture. Dans l'apiculture, vous pouvez permettre aux colonies d'abeilles régulières de restaurer les colonies d'abeilles sauvages. La population d'abeilles sauvages contribue également à maintenir la diversité génétique de l'ensemble de l'espèce et les différents avantages de la diversité génétique fonctionnelle.

Comment les apiculteurs s'y prennent

L'apiculture s'est développée au fil du temps. De manière spécifique, la façon dont l'apiculture est pratiquée aujourd'hui diffère de la façon dont l'apiculture était menée à ses débuts. À l'époque moderne, l'apiculture se fait principalement à l'aide de ruches. De nombreuses colonies ressemblent à des creux d'arbre, ou les apiculteurs utilisaient les premières ruches en rondins.

Dans les années passées, l'apiculture était pratiquée par les agriculteurs possédant de grandes étendues de terre, souvent pendant une très longue période, ou en installant des ruches dans les bois. Cette pratique a été attribuée à la nécessité de décourager les abeilles de communiquer avec les humains et les autres espèces. Il arrive que les abeilles deviennent très territoriales à partir de leur ruche et qu'elles mordent tout animal ou personne qu'elles croisent - à une certaine distance de la ruche elle-même. Les progrès réalisés dans la reconnaissance de l'abeille domestique et de sa nature ont permis au fil des ans de transporter l'abeille domestique près de chez soi.

L'élevage sélectif et d'autres techniques de gestion apicole ont permis aux apiculteurs d'obtenir des colonies d'abeilles très stables, incapables de se répandre en piqûres sans aucune provocation. Ces innovations ont rendu l'élevage des abeilles en milieu rural très simple. Une amélioration supplémentaire de la compréhension de la violence chez les abeilles domestiques a permis de pratiquer l'apiculture urbaine. En prenant les précautions appropriées et en plaçant la protection en tête des objectifs de l'apiculteur, de nombreux habitants peuvent élever des abeilles en milieu urbain.

Les progrès réalisés aujourd'hui dans les ruches L'apiculture se pratiquait principalement à l'aide de ruches. Au fil du temps, ces ruches ont parcouru un long chemin et subi une transformation considérable pour devenir ce qu'elles sont aujourd'hui. Les ruches modernes utilisent souvent des techniques qui favorisent le développement et permettent de cibler certains produits de la ruche plutôt que d'autres. Cette amélioration du système utilisé pour loger les abeilles domestiques est certaine et permet la longévité de la colonie d'abeilles domestiques même après la transformation des produits de la ruche.

Les ruches précédentes, aussi récentes que la ruche en rondins, rendaient impossible la vie éternelle de la colonie d'abeilles car la récolte du miel détruisait une grande partie du rayon de couvain qui se trouve généralement près de l'entrée de la ruche. Les principaux essaims utilisés aujourd'hui en apiculture sont la ruche Langstroth, la ruche Top Bar, la ruche Warré, la ruche britannique traditionnelle. D'autres sont la ruche Layens et la ruche Dadant, qui ne sont peut-être pas aussi courantes mais qui ont tout de même un usage approprié. L'adéquation de ces ruches varie selon les goûts de chaque apiculteur, et selon que la colonie a une orientation verticale ou horizontale.

Facteurs clés à prendre en compte dans l'apiculture Vous trouverez ci-dessous les principaux facteurs à prendre en compte lorsque vous vous lancez dans l'apiculture.

1. L'environnement de la ruche Une fois que vous avez accepté d'héberger des abeilles, vous devez réfléchir à l'endroit où elles seront placées. L'endroit où les abeilles sont hébergées s'appelle un rucher ou un parc à abeilles. Vous devrez consulter les autorités locales pour connaître leurs règles en matière d'apiculture, qui varient d'un État à l'autre et d'une nation à l'autre.

Si vous avez l'intention d'élever des abeilles dans votre jardin, vous devez en parler aux membres de votre famille et à vos voisins et prendre des dispositions avec eux pour éviter d'éventuelles querelles.

La prochaine chose à faire est de choisir le meilleur type de ruche pour vos abeilles.

2. Styles de ruches - Ruche à barrettes supérieures - Ruche Langstroth Nommée d'après son créateur antérieur, le révérend L.L. Langstroth, elle a un passé de plus d'une décennie et demie. Les apiculteurs amateurs et commerciaux préfèrent généralement cette forme de ruche, très courante en Amérique du Nord et en Nouvelle-Zélande. Ses avantages comprennent un nettoyage simple, une conception compacte avec beaucoup d'espace entre les chambres à couvain et les hausses, des cadres facilement amovibles pour une inspection simple des abeilles, et

la division des abeilles ; les ruches peuvent également être réutilisées. Le plus gros inconvénient de cette ruche est que les abeilles sont dérangées encore plus que les autres formes de ruches pendant l'inspection.

Ruche à barrette supérieure En raison de sa simplicité d'installation et de sa durabilité, la ruche à barrette supérieure est généralement utilisée. Avec une ruche à barrettes supérieures, les abeilles ne se laissent pas facilement distraire pendant l'inspection, ce qui leur permet de produire un miel de bonne qualité. Cependant, la ruche à barrette supérieure aide les abeilles à produire plus de cire et moins de miel, par rapport aux deux autres styles de ruches mentionnés ci-dessus. À chaque inspection, les abeilles doivent généralement créer de nouveaux rayons, et leur nature transparente ouvre les rayons à toutes les conditions environnementales qui peuvent souvent être trop rudes pour les abeilles.

Ruche Warré La ruche Warré est très facile à manipuler par rapport aux autres colonies et convient aux personnes occupées qui n'ont pas le temps de communiquer fréquemment avec les abeilles.

Ruche nationale de style britannique Normalement, on la trouve très largement au Royaume-Uni. Parmi ses avantages, citons son prix abordable et sa facilité de montage ; elle a également beaucoup de succès. La plupart des apiculteurs qui l'ont utilisée se sont toutefois plaints que sa boîte à couvain est beaucoup plus petite que d'habitude. Pour remédier à ce problème, il est possible d'utiliser une boîte à couvain différente pour le faire fonctionner.

3. L'emplacement le plus sûr pour placer la ruche est généralement un endroit ensoleillé avec un peu d'ombre, avec une réserve d'eau à proximité comme un étang. La ruche doit être placée de telle sorte qu'elle soit orientée vers le sud et doit également avoir une clôture au nord qui sert de coupe-vent. Un emplacement près d'un champ de fleurs est beaucoup plus approprié car les abeilles peuvent y trouver un endroit pratique pour récolter du nectar et retourner rapidement à leur ruche. Il sera également prudent de se renseigner sur les prédateurs potentiels des abeilles et de décider si ces prédateurs entreraient rapidement dans la ruche. Vous ne voudriez pas dépenser votre précieux temps et vos ressources dans tout ce travail difficile pour ensuite risquer votre colonie d'abeilles aux prédateurs.

4. Autres choses importantes dont vous aurez besoin Comme décrit ci-dessus, les gens veulent se lancer dans l'industrie apicole pour diverses raisons, mais le miel est généralement la source principale de l'apiculture. Les abeilles, comme vous le savez, se déchaînent à la moindre provocation et peuvent libérer des piqûres nocives pour l'homme ; elles doivent donc être manipulées avec beaucoup de précaution et d'attention. C'est pourquoi un apiculteur peut avoir besoin d'une certaine protection lorsqu'il sort pour traiter les abeilles lors de l'inspection quotidienne des ruches ou de la récolte. L'apiculteur doit acheter le masque d'apiculteur, les chaussures d'apiculteur,

le chapeau et le foulard d'apiculteur, la veste d'apiculteur et les bottes d'apiculteur. Il s'agit des vêtements défensifs qui vous permettront d'éviter de piquer les abeilles lorsque vous communiquez avec elles.

Vous devrez vous procurer l'enfumoir à abeilles et l'extracteur de miel pour la récolte du miel. L'enfumoir à abeilles permet de détendre les abeilles et de les rendre moins bruyantes lorsque vous traitez chacun des objets de la ruche. Lorsque vous avez récolté les rayons riches en miel, la prochaine chose à faire est d'extraire le miel et la cire des rayons sans les détruire. C'est là que l'extracteur de miel se révèle utile. L'extracteur de miel permet d'extraire le miel des rayons d'abeilles sans endommager les rayons ou la cire. Il existe deux principaux types d'extracteurs de miel : l'extracteur manuel et l'extracteur automatique. Vous pouvez commencer par un extracteur de miel manuel si vous êtes un apiculteur débutant, car il est plus économique.

Effets des piqûres et mesures de protection

Certains apiculteurs affirment que plus un apiculteur reçoit de piqûres, moins il souffre, et ils trouvent important de se faire piquer quelques fois par saison pour la santé de l'apiculteur. Les apiculteurs ont des taux élevés d'anticorps (principalement des IgG) qui répondent à un antigène important des abeilles venimeuses, la phospholipase A2 (PLA). La fréquence des piqûres d'abeilles est en corrélation avec les anticorps.

Les vêtements de protection qui permettent au porteur de retirer les dards et les sacs de venin d'un simple mouvement de traction sur les vêtements peuvent également entraver et réduire l'entrée du venin dans le corps à partir des piqûres d'abeilles. Même si le dard est barbelé, il est moins possible qu'une abeille ouvrière se coince dans un vêtement que dans la peau humaine. Si un apiculteur se fait piquer par une abeille, il y a également des mesures préventives à prendre pour que la zone touchée ne soit pas trop irritée. La première précaution à prendre après une piqûre d'abeille est de retirer le dard sans presser les glandes à venin qui y sont attachées. Un simple grattage des ongles est à la fois efficace et intuitif. Ce geste permet d'éviter la propagation du venin injecté et de faire disparaître plus rapidement les effets secondaires de la piqûre. Laver la zone contaminée, même avec de l'eau et du savon, est un moyen sûr d'éviter la propagation du venin. La dernière mesure à prendre est d'ajouter de la glace ou une compresse froide sur la zone de la piqûre.

La sécurité en apiculture

En apiculture, la sécurité est de la plus haute importance. Les personnes et les animaux courent souvent le risque d'être piqués par des abeilles dans les environs d'une ruche ou d'un rucher. Pour une apiculture saine et ininterrompue, une protection adéquate est également essentielle. L'apiculteur peut piquer des abeilles et provoquer des problèmes médicaux. D'autres personnes et le bétail peuvent subir des pertes, et une action civile peut être engagée contre l'apiculteur. Par conséquent, l'entretien de la ruche, du rucher et de la zone générale est une partie importante de l'apiculture.

Une apiculture saine se fait avec d'autres personnes et animaux par l'exploitation du local apicole. Les abeilles à miel présentent une accélération verticale par distance horizontale avec un rapport constant de 1:1 de montée verticale. La pose d'écrans et de murs autour des ruches permet aux abeilles à miel de migrer vers le haut et de s'éloigner des personnes et du bétail environnants. Les haies sont très utiles à cet effet. En outre, l'emplacement choisi pour les ruches est plus sûr s'il est caché des routes utilisées par les humains et les animaux. Dans les zones urbaines densément développées, l'apiculture urbaine est possible en plaçant les ruches sur les toits. En général, les abeilles ne descendent pas pour piquer les gens depuis le toit, mais elles trouvent très bien leur nourriture dans les ruches. Combinaisons apicoles La protection des apiculteurs qui travaillent dans et autour des abeilles commence par une tenue apicole. Dans le passé, la seule défense dont disposaient les apiculteurs était les vêtements lourds. La combinaison apicole est privilégiée dans l'apiculture moderne. Des variations de la combinaison ont été mises à la disposition des apiculteurs. Les changements nécessitent une circulation d'air, et certains sont minimalistes, comme les vestes et les robes d'apiculture. Une autre partie de la tenue d'apiculture relativement inchangée est le chapeau d'apiculture, qui confère une protection au visage et au dos de l'apiculteur.

Un autre outil utilisé en apiculture est l'utilisation de l'enfumoir pour améliorer la sécurité. Ils utilisent un équipement appelé enfumoir à abeilles. Il est généralement libéré sur les abeilles. L'enfumoir brûle en partie des combustibles à base de bois pour créer de la fumée. Les abeilles se nourrissent de miel en raison de leur réaction naturelle et instinctive à la fumée et ont du mal à piquer. Pendant que les abeilles consomment du pollen, l'apiculteur peut s'acquitter des tâches qu'il s'est fixé à la ruche. Un deuxième effet de la fumée est de piéger les phéromones émises lorsqu'une abeille est écrasée ou nous pique.

L'utilisation d'eau sucrée Une tendance de santé apicole a vu certains apiculteurs introduire l'utilisation d'eau sucrée pour rendre les abeilles moins susceptibles de piquer. En appliquant de l'eau sucrée en une fine brume, les abeilles commencent à se toiletter et à s'entraider. L'apiculteur vaque à ses occupations à la ruche pendant qu'elles sont ainsi occupées.

Attention aux machines et à l'équipement Une variété de machines sont utilisées dans le domaine de l'apiculture. Le nombre d'outils que vous utilisez varie en fonction de l'ampleur de votre exploitation apicole, de la possibilité d'acheter des équipements spécialisés. Beaucoup de ces appareils peuvent être secs, avoir des lames ou causer d'autres blessures. L'apiculteur doit lire les manuels d'utilisation de chaque machine qu'il utilise en apiculture, et prendre des précautions pour assurer le fonctionnement sûr de la machine à tout moment.

Les outils et autres dispositifs utilisés en apiculture sont également un niveau sur lequel il faut insister en matière de protection. Ces dispositifs peuvent causer des blessures aux apiculteurs lorsqu'ils sont mal utilisés. La règle de base est que vous ne pouvez utiliser un outil que pour la tâche qui vous est assignée, et que vous le faites en pensant à votre protection et à celle des personnes qui vous entourent.

Progrès des techniques et des produits apicoles L'évolution de l'apiculture est un cycle continu, mais souvent un peu lent. Les nouvelles avancées dans le domaine de l'apiculture ont permis de présenter aux apiculteurs des méthodes d'apiculture uniques et très fascinantes. Pour ne pas rester à la traîne, les articles apicoles dont les apiculteurs pourront bénéficier se développent également. Parmi ces articles notables, citons : les services de pollinisation Les agriculteurs voient progressivement les apiculteurs proposer leurs services pour les activités de pollinisation des abeilles domestiques. Les apiculteurs qui fournissent ces services déplacent leurs abeilles mellifères d'un endroit à l'autre selon les besoins, et permettent aux abeilles de polliniser les plantes dans les champs de culture.

Les abeilles en boîte Les apiculteurs divisent les colonies et vendent les scissions comme abeilles en boîte pour le lancement de nouvelles colonies d'abeilles domestiques. Dans les environnements locaux, un apiculteur, en adoptant les concepts d'échange d'abeilles en boîte, soutiendra le suivant avec une colonie.

Fonctionnement des Reines des abeilles L'ajout d'une nouvelle Reine des abeilles dans une ruche est souvent nécessaire. Elle contribue à la variation génétique de la colonie, à l'apaisement de la colonie et, dans de nombreuses situations, à la garantie de la pérennité de la colonie. La méthode utilisée pour ce faire est appelée requeening.

Le produit le plus remarquable de l'apiculture est le miel, autre produit de la ruche qui peut être récolté. Il est couramment utilisé, principalement comme édulcorant. Il existe cependant d'autres produits apicoles qui sont récoltés. Ces dernières années, certains de ces produits ont été remarqués, tandis que d'autres existent depuis plusieurs années. Parmi les produits apicoles autres que le miel, on peut citer : La cire d'abeille La cire d'abeille est par son abondance et sa popularité la deuxième drogue la plus cruciale de la ruche. Les abeilles utilisent la cire pour construire les fondations sur lesquelles elles élèvent leurs petits et stockent le miel. Ces structures sont connues sous le nom de nids d'abeilles. La cire prend la forme de groupes hexagonaux. La face d'un lapin comporte des milliers de cellules de ce type. Le rayon est généralement à deux faces.

La cire d'abeille gèle juste en dessous du point d'ébullition dans l'eau, à des températures élevées. Le papier, lui aussi, est combustible. L'utilisation de bougies de maxime est quotidienne. De nombreux groupes chrétiens, il est historiquement, insistent pour que les bougies utilisées dans les rituels religieux soient faites de cire d'abeille. La cire d'abeille est utilisée dans plusieurs peaux, produits cosmétiques et médicinaux comme les crèmes et les savons.

Le pollen est une autre denrée courante dans l'apiculture moderne. Il est utilisé de nombreuses façons, mais surtout comme un complément au lait qui améliore la santé. Il est riche en protéines. Le pollen est récolté par les abeilles butineuses sur les fleurs et transformé sous forme de granulés dans la ruche. La poudre est utilisée comme nourriture principale pour la reine et les larves d'une colonie d'abeilles. Les abeilles peuvent aussi parfois consommer du pollen quelconque.

Gelée royale C'est un liquide blanc pâteux extrait et donné aux larves par les abeilles ouvrières. Dans une colonie d'abeilles domestiques, les abeilles nourricières la produisent pendant 5 à 15 jours et nourrissent les larves pendant trois jours, chacune avec de la gelée royale. Si les abeilles mellifères prévoient de créer une nouvelle reine, les larves sélectionnées sont nourries à la gelée royale pendant toute leur vie, même jusqu'à ce qu'elles deviennent une reine adulte. Les apiculteurs qui extraient la gelée royale ont besoin d'outils spéciaux, de sorte qu'ils n'obtiennent que des quantités limitées à la fois.

Les humains consomment souvent de la gelée royale ; elle favorise le développement des cellules neuronales, entre autres avantages pour la santé.

Les résines de propolis sont un composant important de la propolis obtenue par les abeilles à miel. Elle est cultivée pour ses effets antiseptiques et détoxifiants. La propolis est utilisée dans une ruche pour boucher les trous, les interstices et les fissures que les abeilles domestiques n'aiment pas. Elle entrave la production microbienne de la ruche. La composition précise de la propolis varie selon la saison et les espèces végétales les plus visitées par les nombreuses abeilles mellifères d'une colonie.

Chapitre trois

Équipement apicole

Les besoins en équipement varient en fonction de l'échelle de l'exploitation, de plusieurs colonies et de la quantité de miel que vous comptez produire. Les outils spécifiques dont vous avez besoin sont une ruche, des vêtements de sécurité, un enfumoir et les composants du dispositif de la ruche, ainsi que les outils dont vous avez besoin pour gérer la récolte de miel.

La ruche est le bâtiment construit par l'homme dans lequel vit la colonie d'abeilles domestiques. Un large assortiment de ruches a été produit au fil des ans. La plupart des apiculteurs utilisent aujourd'hui la ruche Langstroth ou la ruche conventionnelle à dix cadres. Une colonie standard se compose d'un support de ruche, d'une planche de fond avec un taquet d'entrée ou un réducteur, d'un ensemble de boîtes ou de corps de ruche avec des cadres suspendus contenant une fondation ou un rayon, et des couvertures internes et externes. Les corps de ruche contenant le nid à couvain peuvent être séparés des hausses à miel (où l'excédent de miel est stocké) avec une grille à reine.

1. Support de ruche - Le support de ruche, qui n'est qu'un meuble optionnel, permet de surélever le fond de la ruche (le plancher). Ce service permet de réduire l'humidité dans la ruche, d'augmenter la durée de vie de la planche inférieure et de garder la porte d'entrée libre d'herbe et de mauvaises herbes. Un support de ruche peut soutenir une seule colonie, deux colonies ou une chaîne multi-colonies.

2. Niveau inférieur - Le niveau inférieur sert de plancher à la colonie et de surface de décollage et d'atterrissage pour le butinage des abeilles. Comme la planche de fond est ouverte en haut, la colonie doit être légèrement inclinée vers l'avant pour empêcher l'eau de pluie de s'écouler dans la ruche. Les planches de fond disponibles chez de nombreux revendeurs de matériel apicole sont amovibles et présentent un espace avant de 7/8 ou 3/8 de pouce.

3. Corps de ruche - Le corps de ruche ordinaire à dix cadres est disponible en quatre profondeurs ou hauteurs (figure 9). Le corps de ruche à profondeur totale, qui mesure 9 5/8 pouces de long, est le plus utilisé pour l'élevage des larves. Ces grandes unités offrent un espace suffisant pour des champs de couvain fort de taille importante, avec une interférence limitée. Elles sont toujours parfaites pour les hausses à miel. Elles pèsent cependant plus de 20 kg, lorsqu'elles sont chargées de sucre, et sont difficiles à tenir.

La super moyenne profondeur, également appelée super Dadant, ou Illinois, mesure 6 5/8 pouces. Bien qu'il s'agisse de l'échelle la plus appropriée pour les hausses à miel, le bois de taille standard ne peut être coupé efficacement. Certains apiculteurs, en particulier ceux qui fabriquent leurs boîtes, choisissent une échelle intermédiaire (7 5/8) "entre la super pleine et la super moyenne profondeur".

Le modèle à très faible profondeur, de 5 11/6 pouces de long, est l'unité la plus légère à manipuler (environ 35 livres lorsqu'elle est chargée de miel). Ce modèle a le coût le plus élevé de construction des chambres à rayons disponibles par pouce carré. . Le traitement du miel en rayons de section est un art technique impliquant une supervision intensive et n'est généralement pas recommandé aux débutants.

Certains apiculteurs ont tendance à utiliser des corps de ruche à huit plateaux. Il s'agit principalement de produits importés, mais aujourd'hui un fabricant américain d'abeilles commercialise des boîtes à huit plateaux comme boîtes à ruches pour le jardin anglais. Les apiculteurs qui élèvent des reines et vendent des colonies de petites starters (nucs) ont tendance à utiliser un ensemble de trois ou cinq nucs généralement avec des cadres profonds réguliers. Ils peuvent être achetés auprès des fabricants d'abeilles et sont fabriqués en bois ou en carton, ce dernier étant destiné à un usage temporaire.

Selon la profondeur des corps de ruche utilisés dans le champ de couvain de la ruche, différents schémas de gestion sont utilisés. L'un d'eux consiste à utiliser un seul corps de ruche de pleine profondeur, ce qui donnera potentiellement à la reine tout l'espace dont elle a besoin pour pondre ses œufs. Un espace plus important est donc nécessaire pour le stockage de la nourriture et l'expansion optimale du nid à couvain. Une seule chambre à couvain de pleine profondeur est généralement utilisée lorsque les apiculteurs choisissent d'entasser les abeilles pour la production de miel en rayons, lorsqu'un kit est monté, ou lorsqu'une colonie nucléus ou une division est créée pour la première fois. Certains apiculteurs préfèrent utiliser deux corps de ruche de pleine profondeur ou une pleine profondeur et une peu profonde pour la chambre à couvain. L'utilisation de corps de ruche de forme identique permet l'échange de rayons entre les deux corps de ruche. Les apiculteurs qui veulent échapper aux grands corps de ruche à pleine profondeur peuvent opter pour l'utilisation du nid à couvain avec trois corps de ruche peu profonds. Bien que cette approche soit adéquate, c'est aussi la solution la plus coûteuse et la plus longue à monter car elle nécessite trois boîtes et trente cadres au lieu de vingt.

4. Cadre et rayons - Le rayon de cire d'abeille suspendu dans un cadre est l'élément structurel essentiel de la ruche. Dans une ruche de fabrication humaine, le rayon en bois ou en plastique est construit à partir d'une feuille de cire d'abeille ou d'une base en plastique. Les cellules dessinées sont utilisées pour le stockage du miel et du pollen ou pour l'élevage du couvain après que les ouvrières ont appliqué de la cire pour chasser la base.

. Le cadre traversant est composé d'une barre supérieure, de deux barres d'extrémité et d'une barre inférieure. Les barres supérieures peuvent être rainurées ou calées ; les barres inférieures peuvent être brisées, fermes ou rainurées. Certaines formes peuvent présenter des avantages par rapport à d'autres, mais en général, l'option est une préférence personnelle qui implique la prise en compte du coût. Les barres supérieures aux extrémités du corps de ruche sont suspendues sur des rebords ou des feuillures. Des bandes métalliques en forme de V ou des entretoises dans les cadres métalliques sont également martelées pour s'appuyer sur la feuillure. Une barre d'extrémité commerciale ordinaire comporte des épaulements qui permettent de garantir un espace suffisant pour les abeilles entre les structures adjacentes et la main de la boîte.

La base du rayon est constituée de fines feuilles de cire d'abeille imprimées de part et d'autre de motifs de cellules de la taille d'une ouvrière (figure 10) ; leur épaisseur relative différencie deux types courants de fondations de rayon : les fondations superficielles fragiles sont utilisées pour la fabrication du miel en rayons de segments, du miel en morceaux ou du miel en rayons coupés ; une base plus épaisse et plus substantielle peut être utilisée dans la chambre à couvain et les cadres pour le traitement ex. Les câbles exposés verticalement, les fines feuilles de fibre, les sommets métalliques ou les cordes en nylon sont souvent soutenus par des fondations plus épaisses. Toutes les considérations que vous devez peser pour déterminer si vous devez investir dans une fondation en cire d'abeille en plastique dans des cadres en plastique ou dans une fondation en cire d'abeille pure dans des cadres en bois ou en plastique, le coût initial, le temps d'installation, la longévité et la durée d'utilisation prévue. Les fondations et structures chimiques sont de plus en plus courantes.

Il est essentiel de protéger la fondation à l'intérieur du cadre avec des broches de support en métal ou des fils horizontaux en utilisant la fondation en cire d'abeille dans les cadres en bois.

Les rayons peuvent être encore améliorés en encastrant des câbles parallèles (28 ou 30 gauges) avec un courant électrique provenant d'un petit transformateur à travers la base ou en utilisant un câble éperon d'encastrement. Cette tâche prend du temps et est difficile à apprendre, mais une base bien soutenue contribue à des rayons bien dessinés.

5. Exclusion de la reine - Le rôle principal de l'exclusion de la mère est de confiner le nid à couvain à la mère, à l'élevage du couvain et à la collecte du pollen. C'est un équipement peu coûteux qui est utilisé par les apiculteurs de moins de 50 %. Laissez les abeilles commencer à stocker le nectar dans les hausses avant d'installer la grille d'exclusion pour atténuer ce problème. Le nectar contenu dans un rayon étiré attirera les abeilles à transférer la grille d'exclusion. Ne placez jamais les hausses de base au-dessus d'une grille d'exclusion de reine. Une grille d'exclusion est constituée d'une fine couche de métal ou de plastique perforé dont les trous sont suffisamment larges pour permettre le passage du personnel. Des variantes spécifiques impliquent des grilles en fil rond soudées, soutenues par des supports en métal ou en bois.

Les cadres de miel dans la hausse immédiatement au-dessus de la chambre à couvain ou des sections de rayons servent de bouclier naturel pour retenir la reine. C'est pourquoi les grilles à reine sont souvent utilisées lors de l'installation des premières hausses (mais encore une fois, elles ne doivent être montées qu'après le dépôt du nectar dans les hausses), puis retirées.

Comme le rayon de cire d'abeille utilisé pour le couvain noircit à l'usage, une grille à reine peut aider à garantir que les rayons de couvain sont isolés des rayons de miel pour éviter un noircissement excessif du miel.

Les grilles d'exclusion sont également utilisées dans un schéma à deux reines pour séparer les reines, pour collecter les reines dans les colonies à reine droite et pour éviter l'essaimage d'urgence. Une grille d'exclusion peut également aider à identifier la reine. Si vous placez une grille entre deux corps de ruche, vous pourrez déterminer lequel contient la reine après trois jours, en identifiant l'emplacement des œufs.

6. Couvercle intérieur - Le couvercle intérieur se trouve au-dessus et en dessous du masque télescopique extérieur du méga supérieur. Il empêche les abeilles d'utiliser la propolis et la cire pour clouer le couvercle extérieur sur la méga. Il offre également un espace d'air pour la séparation juste sous l'enveloppe extérieure. Pendant la chaleur, l'écran intérieur couvre l'intérieur de la ruche des rayons intenses du soleil. En hiver, il empêche l'air chargé d'humidité de toucher directement les surfaces froides. Une sortie pour abeilles Porter peut être ajoutée au trou central du couvercle intérieur pour aider à extraire les abeilles des hausses à miel pleines.

7. Couvercle extérieur - Un bouclier extérieur télescopique protège les sections de la ruche des conditions environnementales. Il se glisse sur le bord supérieur du corps de ruche le plus élevé et sur le couvercle intérieur. Habituellement,

le toit est scellé par une couche de métal pour éviter les intempéries et les fuites. L'enlèvement du couvercle extérieur, avec le couvercle intérieur en place, dérange moins d'abeilles à l'intérieur de la ruche et permet à l'apiculteur d'enfumer facilement les abeilles avant l'infiltration de la colonie.

Les apiculteurs qui déplacent régulièrement les ruches utilisent un couvercle transparent, également appelé couvercle migrateur. Ce type de couvercle s'adapte aux côtés du corps de la ruche, qui peut ou non s'étirer sur les extrémités. De tels couvercles, en plus d'être légers et faciles à enlever, nécessitent un empilement des colonies. Un empilement serré est nécessaire pour maintenir une charge sur un camion.

8. Autres pièces d'équipement - Il est possible d'ajouter des pièces d'équipement individuelles, en plus des composants essentiels de la ruche. De nombreux apiculteurs préfèrent utiliser le plateau de fond à lattes ; certains sont peints dans un motif anglais différent. L'apiculture offre de nombreuses possibilités d'imagination et d'individualisation.

9. Peinture des parties de la ruche - Toutes les parties de la ruche qui sont ouvertes sur l'environnement doivent être recouvertes de peinture. Il ne faut pas peindre l'intérieur de la ruche, les abeilles la verniraient avec de la propolis (une combinaison de cire et de sève végétale). En peignant, l'objectif premier est de conserver le bois. La plupart des apiculteurs utilisent une peinture blanche durable à base de latex ou de cire, pour l'extérieur. Une couleur claire est bénéfique car, en été, elle

évite l'accumulation de chaleur dans la ruche. Même si le blanc est une couleur typique, différentes variations de couleur peuvent aider à réduire la dérive coloniale.

10. Outils en plastique - Historiquement, les principales pièces de la ruche sont en chêne, en cyprès ou en séquoia. Ces deux éléments de la ruche sont aujourd'hui disponibles en plastique. Les pièces de la ruche en plastique et les cadres en plastique qui s'emboîtent sont durables, fiables, légers, faciles à assembler et nécessitent peu d'entretien. Si les cadres et les planchers en plastique sont de plus en plus courants, les revêtements de ruche, les planches de fond et les corps de ruche en plastique ne se sont pas avérés aussi utiles, car le plastique ne respire pas et ne permet pas une ventilation rapide de l'humidité. Même le plastique se déforme rapidement, et certaines formes laissent entrer trop de lumière, ce qui rend difficile le dessin de la base.

11. 11. Fournisseurs de matériel - Le matériel apicole neuf est généralement "démonté" ou non assemblé au moment de l'achat, mais pour un prix et des frais d'expédition plus élevés, vous pouvez également acheter un kit assemblé. Les instructions d'assemblage sont fournies par les fournisseurs de matériel apicole et sont généralement faciles à suivre. Il est fortement conseillé aux apiculteurs novices de demander l'aide d'un apiculteur plus expérimenté pour installer les composants de la ruche. Les débutants achèteront leur matériel tôt afin de pouvoir assembler les ruches et les peindre avant l'arrivée des abeilles. Les feuilles de fondation ne doivent pas être montées dans les

cadres avant d'être appropriées, car les températures de stockage et de manipulation peuvent permettre à la cire de s'étaler et de se déformer, ce qui entraîne des rayons mal dessinés.

De nombreux apiculteurs considèrent qu'en fabriquant leurs outils, ou en achetant des machines d'occasion, ils peuvent faire des économies. Les appareils seront d'une échelle régulière, pour toutes les méthodes. Une connaissance détaillée de l'espace apicole est indispensable pour concevoir un équipement apicole. Vous pouvez facilement accéder aux plans de construction disponibles ou utiliser des pièces industrielles comme modèle. De nombreux apiculteurs considèrent qu'ils peuvent fabriquer les toits, les têtes de ruche et les planches de fond de façon économique, mais que les cadres sont plus robustes et prennent plus de temps. Le succès dépend de la qualité et du coût des fournitures, des outils nécessaires et de l'expertise de l'apiculteur en matière de travail du bois.

L'achat d'équipements d'occasion peut s'avérer difficile et n'est pas recommandé aux débutants. Au début, vous pouvez avoir des difficultés à trouver simplement une source de machines d'occasion et à évaluer leur valeur ou leur importance. De plus, le matériel d'occasion, malgré un stockage prolongé, peut être de dimensions non standard ou contaminé par des agents pathogènes, qui provoquent diverses maladies des abeilles. Veuillez demander un certificat d'inspection montrant que l'inspecteur apicole de l'État a inspecté les ruches et n'a trouvé aucun signe de maladie.

Consultez la liste des fournisseurs en annexe ou consultez les annuaires apicoles nationaux et régionaux, le service de vulgarisation du comté local, les magazines apicoles nationaux et internationaux ou le site Web MARC (maarec.cas.psu.edu) pour obtenir des informations et des références pertinentes sur le matériel et les fournitures apicoles.

12. 12. Équipement auxiliaire de l'enfumoir - Il est essentiel pour les abeilles qui travaillent de disposer d'un enfumoir et d'une ruche. La taille de l'enfumoir est une question de goût individuel. La plus grande utilisée est peut-être celle de 4 x 7 pouces. Prévoyez d'acheter/utiliser un enfumoir avec un bouclier thermique autour du foyer pour éviter de brûler les vêtements ou vous-même lorsque vous prévoyez d'aider l'enfumoir entre vos jambes lorsque vous dirigez une colonie. Certains apiculteurs préfèrent celui qui possède un crochet pour suspendre l'enfumoir au-dessus du corps de ruche ouvert lors de l'examen de celui-ci, ce qui permet de garder l'enfumoir à portée de main.

Les charbons doivent être au-dessus de la grille, et les produits non brûlés doivent être au-dessus des charbons pour créer de grandes quantités de fumée claire et dense. Les matériaux adéquats pour un fumoir comprennent la toile de jute, les épis de maïs, les copeaux de bois, les aiguilles de pin, le plastique, le bois de rebut, l'écorce, les bobines de sumac, les feuilles séchées, les chiffons de coton et la ficelle d'écope. Il existe une autre fumée liquide que vous mélangez avec de l'eau et que vous vaporisez sur les abeilles avec un applicateur de type brumisateur. Dans des conditions optimales et lorsqu'il est impossible de voler, la brumisation avec du sirop de sucre et de la fumée fonctionne.

Outil de la ruche - L'outil de la ruche est une barre métallique qui est importante pour écarter les cadres dans une chambre à couvain ou un magasin à miel, retirer les corps de ruche et gratter la cire et la propolis. Cependant, les apiculteurs ont souvent tendance à placer l'outil de ruche dans la paume de leur main pour le rendre disponible et laisser leurs doigts à l'abri pour soulever les boîtes à cadres. La méthode de la ruche pour extraire la propolis, la cire et le miel doit être lavée de temps en temps. Pour ce faire, on peut littéralement enfoncer l'instrument dans la terre ou le faire frire dans un bol à feu de fumeur - toutes ces formes de nettoyage contribuent à stopper la transmission des maladies des abeilles. Un tournevis ou un couteau à mastic ne peut pas remplacer un dispositif de ruche solide et peut endommager le cadre/le corps de la ruche.

Vêtements de protection - Vous porterez également un voile d'abeille pour couvrir votre visage et votre cou des piqûres. Il existe trois styles courants de voiles : ceux qui sont ouverts en haut pour aller par-dessus un chapeau, ceux qui sont entièrement sans chapeau et ceux qui font partie d'une combinaison apicole. Un voile en fil de fer ou en tissu qui dépasse du visage, porté par-dessus un chapeau léger, à larges bords et bien ajusté, offre la meilleure protection. Les masques sans capuchon, bien que légers et commodément pliés pour le voyage, ne tiennent pas toujours aussi bien sur la tête qu'ils le pourraient. Lorsque vous vous penchez pour vous occuper des abeilles, l'élastique qui s'enroule autour de votre tête agit également en arrière, ce qui fait que le voile s'affaisse sur votre visage et votre cuir chevelu.

Les apiculteurs disposent d'une grande variété de combinaisons (bee suit) disponibles dans une large gamme de prix. Les combinaisons d'abeilles les plus chères ne sont pas nécessairement les plus sûres ou les plus faciles à utiliser. Les combinaisons sont utiles si elles sont bien manipulées et fréquemment lavées, pour éviter d'avoir de la propolis sur vos vêtements et minimiser considérablement les piqûres. On trouve couramment des combinaisons ou des chemises (chemises à manches longues) explicitement conçues pour les apiculteurs avec des voiles d'évacuation attachés.

Les vêtements blancs ou bruns conviennent mieux aux abeilles qui travaillent. De nombreuses couleurs sont appropriées, mais les abeilles réagissent mal aux couleurs sombres, aux tissus mous et aux vêtements en fibres animales. Les coupe-vent et les combinaisons en nylon ripstop sont idéaux pour le travail des abeilles, mais en été, ils peuvent être trop lourds à utiliser.

Les débutants qui détestent se faire piquer doivent porter des gants en caoutchouc ou en tissu. De nombreux apiculteurs chevronnés trouvent les gants inconfortables et préfèrent prendre quelques piqûres pour faciliter la manipulation. Des gants bien ajustés (comme ceux qui conviennent aux travaux de laboratoire ou aux tâches ménagères) réduisent les piqûres de miel et de propolis et les doigts collants. Les genoux en chaussettes sombres et les poignets exposés sont des endroits vulnérables aux piqûres. Les abeilles en colère frappent aussi d'abord les chevilles car elles sont le point d'entrée de la ruche. Utilisez une corde ou des élastiques pour protéger vos jambes de pantalon ou rentrez-les dans vos chaussures ou vos bottes. Ils utilisent du Velcro, des élastiques ou des bracelets pour attacher les manches de chemise ouvertes afin de réduire les piqûres sur ces zones vulnérables.

Pendant que vous vous occupez des abeilles, vous pouvez arrêter d'utiliser des lotions après-rasage, des parfums et des eaux de Cologne, car ces odeurs attirent les abeilles suspectes. Lavez régulièrement les vêtements et les gants utilisés pour éviter les odeurs de piqûre/ruche qui peuvent attirer/irriter les abeilles pendant l'inspection.

La colonie apicole de base

Les abeilles à miel sont des espèces à disposition communautaire qui vivent en colonies. Les colonies d'abeilles sont composées d'une seule reine, de centaines de bourdons mâles et de 20 000 à 80 000 ouvrières. Chaque province d'abeilles à miel est également composée d'œufs, de larves et de nymphes.

Le nombre d'individus à l'intérieur d'une colonie d'abeilles domestiques dépend principalement des changements saisonniers. Néanmoins, pendant les saisons froides, cette population va diminuer de manière drastique.

La survie des colonies d'abeilles repose sur la diversité de la population, car chaque caste d'abeilles accomplit des tâches différentes. Ainsi, bien que les reines soient incroyablement fortes au sein de leur culture, sans l'aide des bourdons et des ouvrières, elles ne peuvent pas créer de nouvelles colonies, qui fournissent la fertilisation, la nourriture et la cire pour construire la ruche.

Métamorphose, Tous les membres d'une colonie d'abeilles domestiques subissent une transformation complète avant de devenir adultes, en passant par les stades embryonnaire, larvaire et nymphal. Les larves d'abeilles à miel sont des larves sans pattes qui consomment du miel, du nectar ou du pollen. Les chenilles perdent leur peau et muent plusieurs fois avant d'atteindre le stade de la nymphe. Ces nymphes émergeront en tant qu'abeilles adultes après une autre mue et continueront à accomplir les tâches complexes de la colonie.

Les reines sont les seuls membres de la colonie qui peuvent pondre les œufs fécondés. Dans le développement d'une grande colonie d'abeilles mellifères, une reine pondeuse est essentielle et capable de produire jusqu'à 2 000 œufs en une seule journée. Les reines s'accouplent très tôt dans la vie et portent des millions de spermatozoïdes dans leur corps. Bien qu'elles puissent vivre jusqu'à cinq ans, elles ne produisent généralement des œufs que pendant deux ou trois ans.

Ouvrières Les abeilles ouvrières travaillant au sein d'une colonie constituent la population la plus importante. Les abeilles ouvrières sont entièrement femelles mais ne peuvent pas produire d'œufs fécondés. Elles pondent souvent des œufs non fécondés, qui sont des faux-bourdons mâles, s'il n'y a pas de reine. Les abeilles ouvrières utilisent leurs aiguillons barbelés pour protéger la colonie, mais une fois qu'elles ont frappé, les barbes se collent à la peau de la victime, coupant l'abdomen de l'abeille piqueuse, ce qui entraîne la mort.

Le personnel est un représentant colonial essentiel de l'abeille domestique. Elles butinent le pollen et le nectar, s'occupent des faux-bourdons et des reines, nourrissent les œufs, ventilent la ruche, protègent le nid et effectuent d'autres activités pour assurer la vie de la colonie. Le cycle de vie moyen d'une abeille ouvrière est d'environ six semaines.

Les bourdons, ou abeilles domestiques mâles, n'ont qu'une seule tâche : rendre les nouvelles reines fertiles. En général, les bourdons dorment en plein air dans les airs et meurent peu après l'accouplement. Lorsque la nourriture pour la colonie est minimale, certaines colonies d'abeilles à miel éjectent les bourdons survivants à l'automne.

Essaims L'essaimage des abeilles à miel est un élément naturel de la croissance des colonies. Les abeilles à miel essaiment à l'intérieur d'une ruche en raison de la surpopulation. Pour créer un essaim, une ancienne reine quitte la ruche avec environ la moitié des abeilles ouvrières de la colonie, tandis qu'une nouvelle reine reste avec la majorité des ouvrières de l'ancienne ruche. En forêt, les abeilles domestiques essaient souvent à la fin du printemps et au début de l'été, pendant les heures humides de la journée. Bien que l'essaimage fasse partie du cycle de vie stable d'une colonie d'abeilles mellifères, les apiculteurs cherchent également à diminuer l'occurrence de l'essaimage chez les abeilles domestiques.

Un essaim d'abeilles mellifères peut comprendre des centaines ou des milliers d'abeilles ouvrières et une reine. Les abeilles mellifères qui essaient temporairement flottent, puis se posent sur des arbustes et des branches d'arbres. Selon les conditions environnementales et le temps pris pour chercher un nouveau site de nidification, les grappes s'y reposent pendant plusieurs heures à quelques jours. Dès qu'une abeille scoute trouve un endroit approprié pour la nouvelle colonie, l'essaim s'envole immédiatement vers le nouveau site.

Les essaims d'abeilles domestiques ne causent généralement pas de dommages aux humains. Pendant la foule, les abeilles mellifères en essaim n'ont pas de jeunes ou de nid à défendre, et leur envie d'attaquer est donc diminuée.

Cependant, lorsqu'il est déclenché, un essaim d'abeilles peut se former, les ouvrières tentant de défendre leur reine. Si une grande foule d'abeilles se produit dans votre maison ou votre cour, il faudra faire appel à un spécialiste de la lutte antiparasitaire pour retirer ou exterminer l'essaim. Dans certains endroits, les abeilles domestiques sont une espèce protégée. Consultez un spécialiste de la lutte antiparasitaire agréé avant d'agir par vous-même.

Choisir le bon type d'abeille

Les nouveaux apiculteurs sont confrontés au choix souvent difficile de la souche ou de la race d'abeille à commander, et de la personne à qui la commander, lors de la collecte des paquets d'emballage et des reines.

Les abeilles domestiques sont un mélange hétérogène de nombreuses espèces importées d'Europe, du Moyen-Orient et d'Afrique aux États-Unis. Il existe trois races principales : les italiennes, les caucasiennes et les carnioliennes. Néanmoins, celles que l'on trouve aujourd'hui aux États-Unis ne sont pas les mêmes que les premières races, qui leur ont donné leur nom. Tout d'abord, considérez les avantages et les inconvénients de l'élevage pour décider quelle race ou souche d'abeilles correspondra le mieux à votre service. Vous pouvez chercher des reines et des produits auprès de différents éleveurs et vendeurs de reines au fil du temps et en apprendre davantage sur le comportement et la rentabilité de chaque souche dans vos conditions locales.

La race la plus courante aux États-Unis est l'abeille italienne. Introduite en 1859, elle a remplacé l'abeille noire ou allemande que les premiers colons avaient apportée avec eux. L'abeille italienne est de couleur jaunâtre clair ou grise avec des marques brunes et noires contrastées sur l'abdomen. Celles qui ont trois bandes gastriques (ouvrières) sont souvent appelées italiennes couleur cuir ; occasionnellement, celles qui ont cinq groupes sont appelées reines dorées ou reines cordouanes. Les abeilles italiennes semblent commencer à se reproduire au début du printemps et continuer jusqu'à la fin de l'automne, ce qui donne lieu à de grandes colonies pendant la saison active. Les grandes colonies peuvent accumuler des quantités substantielles de nectar en une période relativement courte. Néanmoins, elles ont également besoin de plus de miel pour l'entretien pendant l'automne/hiver que les races sombres. La plupart des souches d'abeilles italiennes sont calmes et douces sur les rayons. Les inconvénients sont une moins bonne coordination par rapport aux autres espèces, ce qui fait que plus d'abeilles errent d'une colonie à l'autre, et une plus grande propension au vol, ce qui peut favoriser la dissémination des maladies. Les Italiens se sont trouvés, eux, des ménagères compétentes. Les Italiennes sont comparativement immunisées contre la loque européenne (EFB) - la raison essentielle du remplacement des abeilles noires. La couleur plus claire de la reine italienne la rend plus difficile à trouver dans la ruche par rapport aux reines des deux autres espèces. Les abeilles italiennes créent des opercules d'un blanc éblouissant, propices à l'extraction du miel du nid.

Parfois, les abeilles caucasiennes sont décrites comme les plus douces de toutes les abeilles à miel. Elles sont de couleur sombre à noire sur l'abdomen avec des bandes grisâtres. Elles préfèrent créer des rayons de bavures et utilisent de grandes quantités de propolis pour fixer les rayons et raccourcir la hauteur de l'entrée. Cependant, certaines des variétés plus anciennes utilisent moins de propolis. Elles ne sont pas considérées comme adaptées à la production de miel en rayons car elles proposent excessivement. Les Caucasiennes sont susceptibles de vagabonder et de voler mais pas de s'entasser inutilement. Les colonies n'atteignent généralement pas leur pleine puissance avant le milieu de l'été, et conservent donc leurs réserves de miel un peu plus longtemps que les Italiennes. Nous butinons souvent à des températures beaucoup plus basses et dans des conditions climatiques moins favorables que les abeilles italiennes, et on note une certaine résistance à l'EFB. Il existe des Caucasiennes, mais elles ne sont pas courantes.

Les carniolans sont des abeilles de couleur noire, semblables aux caucasiennes, et elles ont également des points ou des bandes blanches sur leur abdomen. Ces abeilles hivernent sous forme de petites grappes mais se développent rapidement dès que le premier pollen est disponible au printemps. Le principal inconvénient, cependant, est l'essaimage inutile. Elles ne risquent pas de tricher, elles ont un bon sens de l'orientation et elles sont calmes sur les rayons. Elles sont mais pas accessibles. La majeure partie du cheptel est classée dans le nouveau monde Carniolan et est considérée par certains apiculteurs comme le meilleur type Carniolan.

Les abeilles hybrides ont été créées en mélangeant des abeilles mellifères de plusieurs lignées ou races. Les croisements initialement prévus conduisent également à une gamme d'abeilles très prolifiques présentant ce qu'on appelle la vigueur hybride. Cette vigueur peut être maintenue par des accouplements guidés. Les hybrides commerciaux (Midnite et Starline) sont formés par le croisement de lignées consanguines établies et conservées pour des caractéristiques particulières telles que la douceur, la rentabilité ou l'hivernage.

Les abeilles Buckfast sont une race sélectionnée à partir de plusieurs souches d'abeilles du sud-ouest de l'Angleterre sur une longue période. Elles sont plus résistantes aux acariens de la trachée et mieux adaptées au climat froid de la région. Le stock a été expédié dans ce pays (par le Canada, le sperme, la semence et les reines adultes) et est facilement disponible ici aux États-Unis.

La nature destructrice des acariens parasites et des maladies résistantes aux médicaments a poussé les chercheurs et les éleveurs de reines à essayer des abeilles immunisées contre les insectes et les maladies. Tous ces stocks peuvent désormais être achetés en tant que reines. En outre, la demande de stocks choisis pour les régions plus septentrionales a augmenté. Une sélection est la souche Ohio Buckeye. Ces abeilles ont montré une excellente résistance aux acariens trachéens et présentent tous les traits d'abeilles véritablement supérieures dans les conditions de la Virginie occidentale.

D'autres groupes de souches, tels que les souches russes, SMR ou hybrides (parfois hybrides du Minnesota), sont des abeilles sélectionnées pour leur résistance accrue aux acariens et leur meilleur comportement hygiénique (nettoyage de la ruche - plus précisément, l'élimination du couvain mort/endormi). Grâce à cette caractéristique, les abeilles éliminent plus rapidement les agents pathogènes potentiellement dangereux de leur colonie. Comme pour tout stock, il est préférable d'interroger votre fournisseur potentiel si vous n'êtes pas sûr des affirmations faites concernant les caractéristiques du stock. Ce n'est pas une mauvaise idée de vérifier l'expérience d'autres apiculteurs qui ont utilisé ce matériel.

Les nombreuses races d'abeilles distinctes sont le produit d'une sélection naturelle visant à les adapter aux zones géographiques du monde entier. Les caractéristiques sélectionnées naturellement ne contribuent guère à rendre les abeilles bien adaptées à l'apiculture moderne. Il existe également des races distinctes au sein de la région. Seule une poignée d'entre elles a été introduite dans l'hémisphère occidental. Nous allons examiner les races importantes disponibles en Amérique du Nord et considérer leur valeur dans la production de miel en rayons ici dans les climats tempérés.

Les différentes races d'abeilles présentent toutes des avantages apicoles. Pourtant, chaque espèce d'abeilles possède également des caractéristiques indésirables. Ces caractéristiques spécifiques peuvent favoriser ou entraver le développement des rayons de miel. L'intérêt de nombreuses races augmente ou diminue en fonction de l'emplacement géographique. Les cycles de production de pollen et de distribution de nectar diffèrent d'une région à l'autre. Il convient de réfléchir sérieusement aux espèces d'abeilles les mieux adaptées à votre région. Le jugement est le plus important lorsque l'objectif est de combiner la production de miel.

Apismelliferascutellata - La génétique de l'abeille africaine fait maintenant partie de l'évolution de la population d'abeilles dans certaines régions d'Amérique du Nord. Pour le développement du miel en rayons, la conséquence la plus destructrice n'est généralement pas une action défensive violente. Les abeilles africanisées ont une capacité beaucoup plus grande à essaimer ou à s'enfuir. Après avoir manifestement accepté un nouveau corps de ruche, un nouveau paquet d'abeilles peut s'enfuir. Les abeilles africanisées laisseront le couvain derrière elles, se déplaçant dans une nouvelle ruche après un mois de résidence. Avant l'apparition de la génétique africaine dans l'hémisphère occidental, cette activité était très rare, voire absente.

Les abeilles africaines génétiquement modifiées vont essaimer à l'automne. Avant l'africanisation de nos abeilles, cette activité était inexistante ou excessivement inhabituelle. De nombreuses abeilles ont également été plus physiques sur la défensive que d'autres. Ce trait est porté à un tout nouveau stade par les abeilles africanisées. Dans l'histoire de l'Afrique, les abeilles n'ont jamais été dévalisées sous le Sahara. Les criminels d'abeilles choisissent d'abord les cibles uniques, puis optent pour un comportement offensif et défensif - blaireaux à miel et autres créatures africaines, ainsi que les abeilles volées par les habitants de cette région. Le seul inconvénient est que les caractéristiques spécifiques de l'Afrique ont tendance à contrôler le destructeur de Varroa différemment de celles des races européennes.

Apismelliferaligustica - L'abeille la plus répandue dans l'histoire de notre pays est la race d'abeille domestique italienne. Certaines abeilles italiennes présentent également des avantages. Principalement, les abeilles italiennes sont plus compétitives que les autres espèces. Dans la majeure partie de notre pays, les Italiennes passent déjà l'hiver. Elles ont tendance à élever leur couvain plus tôt que les autres races. Cette abeille est moins susceptible que les autres espèces d'essaimer. En général, les abeilles italiennes sont moins agressives que la plupart des autres espèces. L'utilisation de la propolis par les abeilles italiennes est traditionnelle, ce qui constitue un avantage certain pour les producteurs de rayons de miel. En début de saison, la colonie italienne expulse les faux-bourdons. Elles n'essaimeront que tard dans la saison, voire jamais.

Les abeilles italiennes peuvent avoir des applications non désirées. Cette abeille est plus susceptible de voler que les autres espèces. Elles démolissent rapidement les colonies les plus faibles. Elles ne passent pas l'hiver dans des températures plus fraîches autant que les autres races. Les Italiennes ont plus de marchés et doivent être nourries davantage ou avoir plus de miel sur elles que les autres espèces. Lorsqu'un bébé est disponible, les abeilles italiennes peuvent continuer à produire du couvain après l'arrêt d'un flux de nectar. La colonie italienne aura plus de rayons de bourdons que les autres colonies de castes. Les pertes hivernales avec les abeilles italiennes peuvent être plus élevées si le couvain de miel stocké ou de nourriture commence à se développer.

Les nouvelles caractéristiques d'accumulation au printemps rendent cette abeille apte à la production de miel dans les zones forestières tempérées. Aux États-Unis, cela couvrira la plupart des zones de l'est à l'océan Atlantique à partir de la plaine d'Ozark. Si votre principale récolte de miel a lieu en avril et mai, les abeilles italiennes sont potentiellement votre meilleur choix parmi les races nord-américaines disponibles. Des habitudes hygiéniques ont été sélectionnées chez les abeilles italiennes sur notre continent. Elles visent à réguler les acariens et à prévenir les agents pathogènes.

Quelle que soit la race, la meilleure miellée est nécessaire pour le développement du miel en rayon. Si votre meilleure miellée a lieu tôt dans la saison, alors les abeilles italiennes seront très probablement prêtes bientôt et bénéficieront de l'inondation précoce de miel. Au printemps, les arbres fleurissent généralement tôt. Ici, au milieu du pays, les érables fleuriront en février.

Apismelliferacaucasica - Une abeille caucasienne sympathique. Elle est surtout connue pour son papillon le plus doux. Les caucasiennes ne travaillent pas sur le pot au noir. Cette abeille produit des colonies saines, mais elles essaiment moins que les autres races. Tout n'est pas parfait chez ces abeilles. Leur utilisation de la propolis est légendaire. Elles ferment presque hermétiquement l'entrée de la ruche. Les blocs peuvent être difficiles à démonter dans la colonie. Si vous voulez perdre un tant soit peu les cadres, il faut les travailler régulièrement. Cette abeille est réticente à l'accumulation, et la Caucasienne préfère une miellée plus tardive ou une course plus rapide. La Nosema est vulnérable à la colonie Caucasienne. Les Caucasiennes produisent moins de miel, et leurs opercules sont carrés. Les Caucasiennes sont plus susceptibles de migrer que les autres races d'abeilles.

Installation de la colonie d'abeilles

Les abeilles représentent une part importante de multiples écosystèmes. Leur fonction dans la pollinisation des plantes est essentielle à la prolifération de nombreuses espèces. Ces dernières années, les inquiétudes liées à la diminution du nombre d'abeilles ont alimenté les craintes d'une perte massive de la biodiversité et des colonies d'insectes florissants qui prédominent sur les abeilles.

. Elle a non seulement l'avantage de maintenir indéfiniment l'espèce au sol pour remplir les fonctions essentielles de la pollinisation, mais elle a aussi pour objectif secondaire de fournir un produit nutritif sous forme de miel.

Discutez avec les autres Vous devez consulter quatre catégories de personnes avant de vous lancer dans votre voyage apicole. Votre famille d'abord. Tout le monde doit être heureux d'avoir des abeilles dans le jardin pour toujours. Ensuite, il faut consulter le médecin. Il peut sembler étrange de consulter un médecin à propos d'un projet de permaculture, mais une petite minorité de personnes sont allergiques aux piqûres d'abeilles, et si elles sont piquées, cela peut avoir des effets importants sur la santé. Un médecin peut effectuer un test de base pour déterminer si vous ou l'un des membres de votre famille êtes à risque. Ensuite, consultez vos voisins. Une autre personne peut avoir une aversion ou une réaction à être en contact étroit avec les abeilles. Il peut y avoir des lois de zonage qui interdisent l'apiculture sur votre site.

Trouver un site Comme pour toute autre espèce, vous devez trouver un site qui répondra à tous les besoins de vos abeilles. Vous voulez beaucoup de plantes à proximité pour leur donner de la nourriture. Elles devront également avoir accès à un bassin d'eau. Placez la ruche en pleine lumière, si possible, pour qu'elles puissent fonctionner le plus longtemps possible, mais protégez la ruche des vents violents car ils craignent de renverser la ruche et de disperser la colonie. Vous pouvez choisir un emplacement avec de hautes clôtures et des arbres environnants. Cela permet aux abeilles de voler plus haut qu'à la hauteur d'un humain. Et enfin, placez-la dans un endroit où vous pourrez y accéder rapidement, car vous devrez travailler régulièrement avec la ruche.

Les ruches doivent être maintenues en hauteur par rapport au sol pour créer un Stand. Cela permet le passage de l'air à l'intérieur de la ruche et protège la colonie des intrusions des prédateurs terrestres. Si la ruche est surélevée, c'est encore mieux pour le jardinier en permaculture, car il n'a pas besoin de se pencher pour travailler sur la colonie. Les vieux blocs de béton constituent une excellente plate-forme pour les ruches, avec une palette en bois par-dessus.

Construction d'une ruche Les ruches contiennent un ensemble de feuilles de cire d'abeille suspendues verticalement dans une coquille. La ruche comporte au moins deux taux de feuilles, l'un sur lequel les abeilles recueillent leurs petits, et l'autre sur lequel elles stockent le miel. Vous devrez acheter ou créer une enceinte à étages, avec des cadres rackés pour accrocher les feuilles de cire d'abeille. Vous pourrez peut-être acheter une ruche à un autre apiculteur, ou vous aurez peut-être récupéré des fournitures pour créer la vôtre.

Avoir un équipement L'apiculture nécessite un investissement initial. Le minimum dont vous aurez besoin est de deux articles : une cagoule et un enfumoir. La cagoule comprend un chapeau et un foulard qui pend sous le cou ou qui est attaché pour empêcher les abeilles de se prendre dans vos cheveux ou de piquer les zones non protégées de votre visage. Vous pouvez peut-être concevoir votre propre version, mais faites-vous conseiller par un apiculteur expérimenté pour vous assurer que vous êtes correctement couvert.

Il se peut que vous ayez envie de vous procurer une combinaison complète, qui comprend des bottes et des gants, surtout au début, mais une cagoule suffira au fur et à mesure que vous vous habituerez à manipuler les abeilles. Dites encore une fois aux apiculteurs de la région s'ils ont des combinaisons d'occasion dont ils veulent se débarrasser.

L'enfumoir est une pièce intégrante de l'équipement de manipulation des abeilles. À l'aide d'une bouteille munie d'un soufflet, vous faites brûler du bois - les aiguilles de pin fonctionnent bien, mais n'importe quel bois pourri devrait faire l'affaire - et vous le pompez dans la ruche chaque fois que vous décidez de lui donner du travail. La fumée brouille les signaux chimiques que les abeilles s'envoient entre elles sur ce qu'elles doivent faire, et elles deviennent plus désorientées et distraites et vous laissent tranquille pour que vous puissiez faire les recherches nécessaires.

Prenez des abeilles. Une fois votre ruche installée, il est temps de la stocker. Les colonies peuvent être achetées auprès de fournisseurs biologiques agréés. Il existe trois espèces très répandues. Les abeilles italiennes sont simples à manipuler et permettent de produire beaucoup de miel. Les abeilles russes sont également dociles, mais au début du printemps, elles peuvent être moins performantes, tandis que les carnioliennes sont des abeilles rustiques, qui peuvent survivre même à des hivers glacials.

Une alternative à l'achat d'abeilles est d'offrir la possibilité d'héberger une colonie à problèmes. Veuillez contacter les apiculteurs locaux pour surveiller les parasites. Ils sont parfois appelés à retirer une colonie d'abeilles qui s'est installée dans un endroit inadapté, peut-être sur le terrain de jeu d'une école ou sur l'avant-toit d'une maison de retraite. Au lieu de détruire les abeilles, vous pourriez leur donner une nouvelle vie. Et si la colonie s'est installée dans les environs, c'est une indication positive qu'elle s'est adaptée aux conditions climatiques locales et qu'elle trouve suffisamment de nourriture pour survivre dans la région.

N'oubliez pas que si vous construisez une nouvelle colonie, il se peut que la ruche ne produise pas assez de miel supplémentaire la première année pour que vous puissiez le récolter. Cela s'explique par le fait qu'elle accumule des effectifs. Pourtant, vous serez en mesure d'extraire un peu de miel dès la deuxième année, et même avant cela, les abeilles seront un élément essentiel de votre habitat pour la permaculture.

La colonie et son organisation

Les abeilles domestiques sont des insectes sociaux, ce qui signifie qu'elles vivent ensemble dans de grandes communautés de familles bien organisées. Les insectes sociaux sont des insectes hautement spécialisés qui participent à plusieurs activités complexes que la pluralité des insectes solitaires ne réalise pas. La communication, la construction complexe de nids, la protection de l'environnement, la sécurité et la division du travail ne sont que quelques-unes des habitudes que les abeilles ont développées pour vivre efficacement en colonies sociales. Ces comportements fascinants font des insectes sociaux des êtres les plus récents sur terre en général, et des abeilles mellifères en particulier.

Une colonie d'abeilles domestiques se compose généralement de trois groupes d'ouvrières adultes : les ouvrières, les faux-bourdons et la reine. Plusieurs milliers d'abeilles ouvrières collaborent à la construction des nids, à la collecte de nourriture et à l'élevage des larves. -- Chaque participant a un rôle particulier à jouer, qui est lié à son âge adulte. Pourtant, la vie et la reproduction nécessitent tous les efforts collectifs de la colonie. Sans l'aide de la colonie, les abeilles individuelles (ouvrières, faux-bourdons et reines) ne peuvent pas survivre. Une colonie compte généralement une seule reine et plusieurs centaines de faux-bourdons entre la fin du printemps et l'été, en plus des milliers d'ouvrières adultes (Figure 1). L'ordre social de la colonie est maintenu par la présence de la reine et des ouvrières, qui repose sur un réseau de communication efficace. C'est à la diffusion de phéromones chimiques entre les membres et aux "danses" communicatives qu'il revient de contrôler les activités nécessaires à la survie de la colonie. Les pratiques de travail des abeilles ouvrières dépendent principalement de l'âge de l'abeille mais varient en fonction des besoins de la colonie. La fréquence de la reproduction et de la colonisation dépend de la reine, du nombre de réserves de nourriture et de la taille de l'effectif des ouvrières. Lorsque la taille de la colonie atteint environ 60 000 ouvrières au maximum, la production de la colonie augmente également.

Reine

Chaque colonie n'a qu'une seule reine, soit après les arrangements d'essaimage, soit après la substitution pendant et une période différente. Comme elle est la seule femelle à avoir évolué sexuellement, son rôle principal est la reproduction. Elle produit des œufs qui sont à la fois fécondés et non fécondés. Au printemps et au début de l'été, les reines pondent le plus grand nombre d'œufs. Les reines peuvent pondre jusqu'à 1 500 œufs par jour pendant le pic de développement. Progressivement, au début d'octobre, elles cessent de pondre et ne livrent que peu ou pas d'œufs jusqu'au début du printemps suivant (janvier). Une reine peut produire jusqu'à 250 000 œufs par an et probablement plus d'un million d'œufs par an.

Il est facile de distinguer la reine des autres membres de la colonie. Son corps est généralement beaucoup plus long que celui du faux-bourdon ou de l'ouvrière, en particulier pendant le cycle de ponte où son abdomen s'allonge considérablement. Ses ailes ne couvrent qu'environ deux tiers du ventre, alors que, lorsqu'ils sont repliés, les bras des ouvrières et des faux-bourdons atteignent presque l'extrémité de l'abdomen. Le thorax de la reine est à peine plus important que celui de l'ouvrière, et elle n'a pas de corbeille à pollen ni de glandes cirières fonctionnelles. Son dard est courbé et plus long que celui de l'ouvrière, mais ses barbillons sont plus petits et plus courts. La reine peut vivre de nombreuses années - parfois jusqu'à cinq ans, mais la période moyenne de vie active est de 2 à 3 ans.

L'autre rôle principal de la reine est de créer des phéromones qui servent de "colle" sociale, qui unifie et aide à donner une identité individuelle à une colonie d'abeilles. Ses glandes mandibulaires produisent une phéromone primaire - appelée substance de la reine - mais d'autres sont également essentielles. La qualité de la colonie dépend en grande partie des capacités de la reine en matière de ponte et de traitement chimique. Sa constitution génétique - ainsi que les bourdons avec lesquels elle s'accouple - contribue de manière significative à l'efficacité, à la taille et à la disposition de la colonie.

La reine quitte la ruche pour s'accoupler avec d'autres bourdons en vol environ une semaine après avoir émergé d'une cellule-reine. Comme elle doit parcourir une certaine distance pour s'accoupler avec sa colonie (une façon d'empêcher la consanguinité par la nature), la première fait le tour de la ruche pour s'orienter à sa place. Elle quitte la ruche par ses propres moyens et n'est plus qu'à 13 minutes de distance. La reine s'accouple avec sept à quinze faux-bourdons à une altitude supérieure à 20 pieds, généralement dans l'après-midi. Les faux-bourdons identifieront et se souviendront de la reine grâce à son odeur chimique (phéromone). Lorsque le mauvais temps retarde le vol d'accouplement de la reine de plus de 20 jours, elle perd la capacité de s'accoupler et ne peut que pondre des œufs non fécondés pour conduire aux faux-bourdons.

La reine retourne à la ruche après l'accouplement et commence à pondre des œufs au bout de 48 heures environ. Lorsqu'elle pond un œuf destiné à devenir soit une ouvrière, soit une reine, elle libère un peu de sperme de la spermathèque. À moins que son œuf ne soit placé dans une cellule plus élevée que celle d'un hélicoptère, elle ne produit pas de sperme. La reine est continuellement suivie par les abeilles ouvrières de la colonie et est nourrie de gelée royale. Le nombre d'œufs que la reine pond dépend de la quantité de nourriture qu'elle reçoit et de la taille de l'ouvrière qui préparera les cellules de cire d'abeille pour ses œufs et s'occupera des larves qui écloront des œufs en 3 jours. Lorsque le matériel que la reine a sécrété n'est plus suffisant, les ouvrières prévoient de la retirer (supplanter). L'ancienne reine et sa nouvelle fille peuvent toutes deux rester dans la ruche pendant un certain temps après la supersédure.

Les nouvelles reines (vierges) se développent à l'âge de trois jours maximum à partir d'œufs fécondés ou de jeunes larves d'ouvrières. De nouvelles reines sont élevées dans trois circonstances différentes : en cas d'urgence, de remplacement ou d'essaimage. Lorsqu'une ancienne reine est tuée, perdue ou expulsée par erreur, les abeilles choisissent les larves de jeunes ouvrières pour créer les reines en cas d'urgence. Ces reines naissent dans des cellules d'ouvrières modifiées, placées verticalement sur le dessus du rayon (figure 2). Lorsqu'une reine plus âgée commence à se débattre (diminution de la production de matière royale), la colonie se prépare à élever une nouvelle reine. Les reines issues de la supersédure sont généralement meilleures que les reines de secours car elles obtiennent de plus grandes quantités de nourriture (gelée royale) pendant la production. Les cellules royales de supersédure sont généralement placées sur le dessus des cellules royales d'urgence en forme de peigne. En revanche, les cellules royales produites en préparation de l'essaimage sont situées le long des bords inférieurs des plaques, ou dans les interstices de la région du couvain dans les rayons de cire d'abeille.

Drones

Les bourdons (abeilles mâles) sont les plus grosses abeilles de la colonie. Ils ne sont généralement disponibles qu'à la fin du printemps et en été. La tête du faux-bourdon est beaucoup plus grosse que celle de la reine ou de l'ouvrière, et ses yeux composés convergent au sommet de sa tête. Les bourdons n'ont pas de dard, de glandes de cire ou de sacs de pollen. Leur rôle crucial est de faire féconder la reine vierge lors de son vol nuptial. Après l'émergence, les bourdons sont sexuellement matures environ une semaine plus tard et meurent immédiatement après l'accouplement. Comme les bourdons ne font aucun travail utile pour la ruche, on suppose que leur existence est nécessaire à l'activité régulière de la colonie.

Bien que les bourdons dépendent généralement des travailleurs de la nourriture, ils peuvent se nourrir eux-mêmes à l'intérieur de la ruche après avoir atteint l'âge de quatre jours. Comme les bourdons consomment trois fois plus de nourriture que les humains, un grand nombre de bourdons exercera une pression accrue sur les réserves de nourriture de la colonie. Les bourdons restent dans la ruche jusqu'à l'âge de huit jours environ, après quoi ils commencent à prendre l'avion pour s'orienter. Le vol de la ruche a lieu généralement entre midi et 16 heures. On n'a jamais vu de bourdons prélever des fleurs sur des fruits. Lorsque le temps froid commence à l'automne et que les réserves de pollen/nectar se font rares, les faux-bourdons sont généralement poussés dans le froid et laissés à mourir de faim. Cependant, les colonies sans reine exigent qu'ils vivent éternellement dans la ruche.

Travailleurs

Les ouvrières sont les plus petites et constituent la majeure partie des travailleurs occupant la colonie. Ce sont des femelles non développées sexuellement, qui ne pondent pas d'œufs dans les conditions habituelles de la ruche. Les ouvrières possèdent des systèmes complexes, tels que des glandes à nourriture pour le couvain, des glandes odorantes, des glandes à cire et des sacs à pollen, qui leur permettent d'effectuer une grande partie du travail de la ruche. Les cellules sont lavées et polies, le couvain est cuit, la reine est soignée, les débris sont enlevés, le nectar entrant est manipulé, les rayons de cire d'abeille sont fabriqués, l'entrée et le filtre à air sont gardés et la ruche est ventilée pendant les premières semaines des adultes. Plus tard, elles butinent le nectar, le pollen, l'eau et la propolis (sève végétale) en tant qu'abeilles des champs.

Le cycle de vie des ouvrières pendant l'été est d'environ six semaines. Les ouvrières élevées à l'automne peuvent vivre jusqu'à six mois, permettant à la colonie de survivre à l'hiver et contribuant à la reproduction de nouvelles générations jusqu'à leur mort au printemps.

Les ouvrières pondeuses Les ovaires de plusieurs ouvrières se développent lorsqu'une colonie est sans reine et que les ouvrières commencent à pondre des œufs non fécondés. On soupçonne que la croissance des ovaires des ouvrières est entravée par la participation du couvain et de la reine et leurs substances chimiques. La participation d'ouvrières pondeuses dans une colonie signifie généralement que pendant une ou deux semaines, la province est devenue sans reine. Cependant, on peut également observer des ouvrières pondeuses pendant la saison d'essaimage dans les colonies régulières "sans reine", et lorsqu'une mauvaise reine dirige la province. Les colonies d'ouvrières pondeuses sont facilement reconnaissables : il peut y avoir de cinq à quinze oeufs par cellule n'importe où (figure 3), et des faux-bourdons à petit corps sont élevés dans des cellules de la taille d'une ouvrière. De plus, les ouvrières pondeuses dispersent leurs oeufs plus uniformément sur les rayons de couvain, et les oeufs peuvent être situés sur les côtés des cellules plutôt qu'à la base, où une reine les place. Certains de ces œufs n'éclosent pas, et dans les cellules plus petites, plusieurs des larves de faux-bourdons qui éclosent ne parviennent pas à maturité.

Développement de l'abeille Avant d'apparaître à l'âge adulte, les trois formes d'abeilles domestiques adultes passent par trois phases de développement : l'embryon, la larve et la nymphe. L'embryon est communément appelé les trois phases. Bien que les stades de développement soient identiques, ils diffèrent par leur durée (voir tableau 1). Les œufs non fécondés deviennent des faux-bourdons, tandis que les œufs fécondés sont soit des ouvrières, soit des reines La nutrition joue un rôle essentiel dans la production de la caste des abeilles femelles ; les larves destinées à devenir des ouvrières obtiennent moins de gelée royale et davantage un mélange de miel et de pollen par rapport aux quantités copieuses de gelée royale recueillies par la larve de reine.

Œufs de couvain Les œufs d'abeilles sont généralement pondus par la reine, un par cellule. L'œuf en croissance est fixé au fond de la cellule et ressemble à un minuscule grain de riz. Lorsqu'il est pondu pour la première fois, l'œuf se tient droit sur le dessus de l'extrémité (figure 4). Cependant, l'œuf commence à se retourner pendant le cycle de croissance de trois jours. L'œuf éclot en un minuscule ver le troisième jour, et la période larvaire prend fin.

Larves Les larves sûres sont de couleur blanc nacré et ont un aspect luisant. Elles sont pliées au fond de la cellule en forme de "C" (figure 5). Les cellules d'ouvrières, les cellules de reines et les cellules de faux-bourdons sont operculées lorsque les larves ont respectivement environ 5 1⁄2, 6 et 6 1⁄2 jours. Elles sont nourries par des abeilles ouvrières adultes (nourrices) alors qu'elles sont encore dans leurs cellules de cire d'abeille, pendant le stade larvaire. Cette phase est appelée niveau prépupal, juste après le coiffage de la pile. À ce moment-là, la larve ressemble encore à un ver, mais elle s'étale dans la cellule dans le sens de la longueur et tisse un fin cocon de soie. Pendant le stade prépupal, les larves restent d'un blanc nacré, elles sont gonflées et scintillantes.

Nymphe Les prépupes poursuivent leur transition de leur forme larvaire à celle d'abeilles adultes à l'intérieur des cellules individuelles recouvertes d'un couvercle de cire d'abeille fourni par les abeilles ouvrières adultes (Figure 6). Aux premiers stades de leur développement, les chrysalides stables restent blanches et brillantes, même si leur corps tend à prendre des formes adultes. Les yeux composés sont les premiers à commencer à prendre de la couleur ; ils passent du blanc au brun-violet. Peu après, le reste du corps commence à prendre la couleur de l'abeille adulte. Les nouvelles ouvrières, reines et faux-bourdons émergent respectivement entre 12, 7, 1⁄2, et 14, 1⁄2 jours après que leurs cellules aient été operculées.

Modèles de couvain Il est facile de reconnaître les bons modèles de couvain en observant le couvain operculé. Les cadres de couvain d'ouvrières bien operculés présentent généralement une tendance bien définie, avec peu de cellules sautées par la reine lors de la ponte des œufs. Les opercules sont de couleur brun moyen, convexes et sans perforation. En raison de la période de développement, il y aura quatre fois plus de nymphes que d'œufs et deux fois moins de larves ; habituellement, le couvain de faux-bourdons se trouve en plaques le long des bords du galet.

La Ruche

Les ruches ne sont pas très difficiles. Des artisans habiles construisent également leur propre atelier chez eux. La ruche de mai a essentiellement besoin d'un couvercle extérieur - ou même d'un toit. Directement sous le toit se trouve un écran intérieur qui sert principalement à empêcher les abeilles de coller solidement le toit aux bords supérieurs de la boîte à ruche située juste en dessous. Il n'est pas tout à fait important d'avoir un couvercle intérieur, c'est donc un équipement précieux.

Sous le couvercle intérieur se trouve une disposition des hausses et des corps de ruche décidée par la saison annuelle. De nombreux apiculteurs limitent la reine à la ou aux chambres à couvain avec une reine sans unité. Ainsi, deux hausses et deux corps de ruche seront sains dans une ruche standard pendant la saison de printemps. Un plateau de fond offre une zone d'atterrissage aux abeilles sous les différentes boîtes utilisées, ce qui donne un avantage à la colonie. L'ensemble du système de ruche est généralement protégé par un support de ruche.

Au début, un petit marteau ou une cloueuse à brads seront utilisés pour assembler les cadres, mais pour assembler les parties lourdes de la ruche, un marteau lourd sera nécessaire.

Comme la plupart des équipements de la ruche sont fabriqués en bois, de nombreux apiculteurs débutants possèdent déjà une partie de l'équipement nécessaire. Divers appareils pour le travail du bois, tels que des marteaux, un ou deux ciseaux, quelques paires de pinces pour couper les clous cassés, et un ou deux colliers de serrage sont des exemples de divers petits équipements d'atelier qui peuvent être utiles lors de l'installation des composants de la ruche. Pour l'équipement de la ruche et les pièces du cadre, vous aurez certainement besoin d'une bouteille de colle extérieure ordinaire pour les différents joints.

N'importe quel endroit peut servir de lieu d'assemblage de ruches. La plupart des apiculteurs travaillent dans l'atelier ou dans une situation de ce genre, utilisez simplement ce que vous avez. Vous n'aurez pas besoin d'un magasin de bois aménagé par un professionnel, mais si vous avez une cloueuse à brads pneumatique et un petit compresseur, ce sont deux appareils très pratiques, mais pas complètement obligatoires.

Cette vision agrandie de la ruche montre les composants utilisés dans la ruche traditionnelle. Il est essentiel d'utiliser des dimensions standard lorsque l'on construit des équipements de ruche chez soi.

Cette vision agrandie de la ruche montre les composants utilisés dans la ruche traditionnelle. Il est essentiel d'utiliser des dimensions standard lorsque l'on construit des équipements de ruche chez soi.

Styles d'assemblages utilisés dans les équipements de ruche

Bien que certaines boîtes fabriquées à la maison soient conçues avec des assemblages bout à bout de base, les assemblages en boîte et les assemblages en matrice sont les deux assemblages les plus courants que l'on trouve dans les équipements de ruche en bois conventionnels. Dans le commerce ou dans un magasin de bricolage, les assemblages en matrice sont plus simples à construire que les assemblages en boîte, mais ils sont un peu plus difficiles à assembler.

C'est le moment d'utiliser les pinces à tuyau mentionnées ci-dessus. Ils sont utiles pour assembler les pièces non montées et les retenir brièvement avant de terminer le collage et le clouage.

Toits de ruche Le couvercle le plus extérieur de la ruche peut être en bois recouvert de métal ou entièrement en plastique. Les apiculteurs professionnels utilisent régulièrement un couvercle transparent pour les planches plates. Le toit de ruche télescopique à couverture métallique est généralement utilisé par les apiculteurs amateurs. Les dessus de ruche peuvent parfois s'envoler en cas de vent fort, mais ce n'est pas un phénomène normal. À l'occasion, les apiculteurs mettent un poids sur le dessus de la ruche pour se prémunir contre cet événement rare.

Les apiculteurs amateurs utilisent généralement des couvercles de ruche en bois avec des grillages. Un couvercle de ruche en bois doit être peint périodiquement pour retarder le pourrissement causé par la pluie et l'humidité. Un couvercle en carton plat est un couvercle plus simple et moins cher mais toujours pratique. Les couvertures en plastique ne nécessitent pratiquement aucun entretien, mais elles peuvent souvent être pliées ou courbées. Les tops en plastique et en polystyrène étendu continueraient à se dégrader avec le temps. Ironiquement, les équipements de peinture chimique peuvent aider à éviter la détérioration causée par la température.

Les apiculteurs amateurs utilisent généralement des couvercles de ruche en bois avec des grillages. Un couvercle de ruche en bois doit être peint périodiquement pour retarder le pourrissement causé par la pluie et l'humidité. Un couvercle en carton plat est un couvercle plus simple et moins cher mais toujours pratique. Les couvertures en plastique ne nécessitent pratiquement aucun entretien, mais elles peuvent souvent être pliées ou courbées. Les têtes en plastique et en polystyrène étiré peuvent continuer à se dégrader avec le temps. Ironiquement, les équipements de peinture chimique peuvent aider à éviter la détérioration causée par la température.

Couvertures internes et grilles à reine - Un équipement essentiel mais secondaire de la ruche Certains spécialistes des colonies récoltent de la colophane naturelle pour produire une substance pour abeilles (propolis) à partir d'arbres et parfois d'arbustes. Les abeilles devraient coller solidement les éléments de la ruche ensemble en utilisant cette colle simple. Les abeilles adhéreront rigidement à la boîte supérieure sans couvercle intérieur. Le fait de taper sur la ruche irrite souvent les abeilles pour la faire décoller.

La grille à reine présente les mêmes proportions à l'extérieur que le masque intérieur, mais sa fonction est légèrement différente. La grille métallique est spécialement conçue pour permettre le passage des abeilles ouvrières, ce qui obligerait la reine à passer à travers le réseau. De cette façon, la reine est limitée à une zone particulière de la ruche et mélange le couvain au miel que l'apiculteur est destiné à extraire.

Le couvercle intérieur repose à plat sur les côtés de la ruche. Oui, les abeilles peuvent le coller aussi, mais dans l'espace entre le couvercle intérieur et le bord supérieur de la coquille de la ruche, l'apiculteur prendra le bout pointu d'un instrument de la ruche et le fera sortir. Les abeilles de garde ne sont pas aussi savoureuses qu'elles devraient l'être si vous deviez briser la surface extérieure pour la dégager. C'est toujours bien de garder les abeilles tranquilles.

La grille à reine est une pièce d'équipement qui divise beaucoup. De nombreux apiculteurs pensent que la grille empêche les abeilles chargées de nectar de traverser le réseau. Et même d'autres apiculteurs, sauf un, n'auraient pas leurs ruches. Ce sera votre décision d'utiliser ou non cette application.

C'est trop souvent le cas pour le matériel apicole ; tout type de planche de fond s'adapte exceptionnellement bien. Une feuille de métal peut être placée pendant la saison hivernale pour couvrir la fenêtre grillagée. La plaque de fond durable devient plus rigide et plus épaisse sous le cadre filtré. De nombreux apiculteurs, et notamment les apiculteurs commerciaux, utilisent ce modèle.

C'est trop souvent le cas pour le matériel apicole ; tout type de planche de fond s'adapte exceptionnellement bien. Une feuille de métal peut être installée pendant la saison hivernale pour sceller la fenêtre grillagée. La lourde plaque de fond devient plus rigide et plus épaisse sous le cadre filtré. De nombreux apiculteurs, et surtout les apiculteurs commerciaux, utilisent ce modèle.

Le plateau de fond - la pierre angulaire de la ruche Après avoir été dit et fait, le plateau de fond n'est, pour la plupart, qu'une grande surface. Pendant de nombreuses années, il s'agissait principalement d'un plateau solide avec un bord à trois côtés, mais aujourd'hui, de nombreux apiculteurs utilisent des plateaux de fond grillagés. Les planches grillagées permettent une certaine régulation de l'acarien Varroa, un insecte parasite envahissant qui cause beaucoup de dégâts aux abeilles domestiques. L'ouverture grillagée fait tomber les tiques des abeilles sur le sol.

Les boîtes à abeilles de culture auraient besoin de numéros de cadres corrects avec des inserts de base. Par exemple, les tableaux mentionnés ci-dessus permettront à la boîte de stockage du miel (appelée super) d'avoir 20 cadres profonds et 10 cadres. L'équipement à 8 cadres aurait naturellement besoin de moins de cadres.

Les boîtes à abeilles de culture auraient besoin de numéros de cadres corrects avec des inserts de base. Par exemple, les tableaux mentionnés ci-dessus permettront à la boîte de stockage du miel (appelée super) d'avoir 20 cadres profonds et 10 cadres. L'équipement à 8 cadres aurait naturellement besoin de moins de cadres.

Les principales pièces de la ruche - les boîtes à couvain et les supers Cette ruche a un 65⁄8 "super sur le dessus, deuxième est un corps de ruche en plastique blanc ; troisième est un corps de ruche joint spécifié et un corps de ruche collective boîte régulière sur le sol. Tout le matériel provient de différents fournisseurs, donc tout est à peu près compatible.

Cette ruche a un 65⁄8 "super sur le dessus ; deuxième est un corps de ruche en plastique blanc, troisième est un corps de ruche joint donné, et le fond est une ruche collective boîte régulière. Même le matériel provient de fournisseurs différents, donc tout est à peu près identique.

Les dimensions et les formes de toutes les boîtes à abeilles sont les mêmes (193⁄4 "de long x 161⁄4 de large)-sauf pour la taille de certaines boîtes. Le corps le plus profond de la ruche fait environ 9 1⁄2 "de profondeur et est largement utilisé comme boîte à couvain pour la production d'abeilles. Les Supers sont des boîtes principalement utilisées pour le stockage du sucre, qui peuvent avoir plusieurs longueurs. Les boîtes de stockage du miel sont des supers de taille standard de 65⁄8 "de profondeur.

En effet, il y a quelques variables.

Oui, il y a plusieurs variables sur l'équipement de la ruche à aborder au départ. L'apiculteur inexpérimenté peut bien être un peu perdu. La sensation va passer rapidement au fur et à mesure que le traitement devient détendu et simple. L'équipement de la ruche nécessaire à l'installation de la ruche diffère selon les flux de nectar saisonniers annuels.

Qu'y a-t-il vraiment dans la ruche à part les abeilles ?

Pas trop loin. -- La boîte à ruche comporte dix jeux de rayons, et est communément appelée matériel à dix jeux. Il s'agit du deuxième type de matériel de ruche qui est soutenu avec enthousiasme par de nombreux apiculteurs. Il utilise huit cadres et est donc nettement plus petit. Chaque cadre est doté d'un insert de base enduit de cire, qui est gaufré avec l'effet des cellules d'abeilles. Ces inserts permettent aux abeilles de créer des rayons de cire droits au lieu d'être formés d'elles-mêmes par les rayons normalement ondulés.

La pure merveille de la ruche est qu'elle conserve un "espace à abeilles". Au sommet des poteaux, sur les côtés, au fond du récipient, sous le couvercle intérieur ou entre les grilles à reine - l'espace à abeilles de 1⁄4-3⁄8 "est retenu pour différencier les éléments constitutifs partout dans la ruche. Sinon, les abeilles peuvent bloquer n'importe quoi avec de la colle d'abeille (propolis) ou de la cire, que l'espace devienne plus large ou plus petit. L'espace réservé aux abeilles entre les cadres et les autres composants de la ruche est vital pour le fonctionnement des équipements de la ruche d'aujourd'hui.

Qu'est-ce qu'il y a ?

Vieux matériel d'apiculture Le nouvel apiculteur peut tomber sur du matériel d'apiculture dans des ventes aux enchères ou auprès de quelqu'un qui a du matériel d'occasion à vendre. Il y a tellement de variables sur ce sujet que vous pourriez écrire une section entière dans le bref - soyez vigilant. Si vous avez un excellent compagnon apiculteur, demandez-lui conseil (mais il pourrait alors décider de l'acheter aussi). Méfiez-vous des rayons de cire conventionnels. Ils peuvent abriter des maladies. Il n'est pas rare que les apiculteurs reçoivent des offres décentes sur des objets usagés après avoir posté ce message. Encore une fois, soyez prudent.

Ruches à barres supérieures De nombreux apiculteurs apprécient les ruches à barres supérieures (TBH), de plusieurs types. Il ne devrait pas être choquant pour l'apiculteur débutant d'être introduit tôt dans ses années de formation à ces choix d'équipement. Bien que ces conceptions de ruches soient amusantes et biologiquement excitantes, le nouvel apiculteur sera bien inspiré de commencer avec des installations standard, à moins qu'il n'ait un mentor TBH. Si l'équipement standard est utilisé, il y a plus de soutien et beaucoup plus de connaissances pour le débutant.

Équipement de protection individuelle L'apiculteur actuel a besoin d'abeilles pour contenir les abeilles, de dispositifs de ruche, de vêtements de protection et d'autres outils pour la gestion. Comme pour les différents types de matériel de ruche, il existe aujourd'hui plusieurs versions et modèles de vêtements de protection.

10Du moins au plus : (1) un affreux masque facial, (2) une demi-combinaison avec un voile attaché, et (3) une combinaison complète avec un voile fixé. Comme les apiculteurs débutants craignent les piqûres occasionnelles et ne sont pas sûrs de leur nouvelle activité, il n'est pas rare qu'ils achètent une combinaison intégrale. Il n'y a aucun espoir qu'une abeille en colère trouve un endroit vulnérable pour frapper alors que vous portez une combinaison complète de gants de protection et de pinces réglables aux poignets et aux chevilles. L'inconvénient de cette tenue, c'est qu'il faut transpirer et se débrouiller pour la porter entièrement. Mais au début de l'apiculture, tout est absolument parfait. Au fur et à mesure que la confiance augmente parmi les apiculteurs, il faut porter des vêtements de protection de plus en plus légers. Mais le débutant notera que pour ces rares occasions avec les abeilles, tous les apiculteurs chevronnés devraient être extrêmement attentifs à avoir une tenue de protection complète partout. Ce serait un bon moment pour changer de colonie d'abeilles la nuit et revêtir un uniforme complet.

En ce qui concerne les équipements de sécurité, la règle cardinale est toujours de se sentir protégé. Si vous ne travaillez pas les abeilles, alors vous ne deviendrez pas un rucher. Vous sentez-vous vraiment à l'aise et confiant dans la tenue des abeilles ?

Un enfumoir et une machine à ruche - c'est tout ce dont vous aurez besoin pour Enfumoir de ruche 9L'enfumoir de ruche est presque la marque de fabrique de l'industrie apicole. Les enfumoirs ont pour but d'exposer les colonies d'abeilles à une fumée brillante et cotonneuse, ce qui entraîne une certaine confusion parmi les abeilles à l'affût. C'est alors que les apiculteurs passent.

Les vieux fumeurs cultivent une ambiance de vieille cigarette et beaucoup de souvenirs. Les fumeurs d'abeilles peuvent brûler pratiquement toutes les essences combustibles, mais c'est une discussion pour une autre session. Beaucoup d'apiculteurs doivent avoir un fumeur ou plus. La plupart des apiculteurs accomplis doivent en avoir un ou deux. C'est une pièce d'équipement indispensable pour la gestion des ruches. Dispositif de ruche Rappelez-vous la colle d'abeille (propolis) dont nous avons parlé plus haut. Il faudrait un dispositif de ruche, qui n'est rien d'autre qu'un levier, pour ouvrir une ruche et en retirer les cadres - surtout après 8 à 10 mois de collage et d'épilation des abeilles. Chaque apiculteur est dépourvu d'un apiculteur, et à un moment ou à un autre, les deux apiculteurs les perdent dans la forêt. Obtenir un ou deux de ces équipements nécessaires n'aurait aucune importance.

Types de ruches et comment choisir la bonne pour vous

En tant qu'apiculteur débutant, vous pouvez choisir parmi de nombreux styles de ruches. Accordez aux abeilles des soins particuliers pour leur assurer un habitat optimal.

Si nous voulons élever des abeilles, nous le faisons en reconnaissant que les abeilles sont importantes pour une bonne pollinisation, et nous aimons le miel qu'elles produisent, bien sûr. Ce qui nous échappe encore, cependant, c'est le type de ruche qui nous convient le mieux. Cette décision dépend de facteurs différents selon les apiculteurs. Voici trois choix de ruches à explorer pour vous aider à prendre la meilleure décision pour vous et votre récolte.

1. LA Ruche LANGSTROTH L'alternative la plus courante pour les apiculteurs modernes est cette " maison d'abeilles " omniprésente. Inventée en 1851 par le Dr L. L. Langstroth, pasteur du Massachusetts et apiculteur amateur, elle a été la première ruche à avoir des cadres amovibles et a permis aux apiculteurs d'accéder plus facilement à la colonie pour l'inspection des abeilles. Une ruche Langstroth comprend une plaque de fond, une ou deux hausses profondes (18¼ par 14¼ par 9½), " une ou deux hausses à miel, un couvercle intérieur, un couvercle extérieur et des cadres ".

Avantages d'une récolte rapide : Les avantages d'une ruche Langstroth sont nombreux, mais la sélection du miel arrive en tête de liste. Les ruches Langstroth permettent de mesurer les stocks de miel pour les apiculteurs et de collecter les éléments nécessaires, et les machines pour la récolte du miel sont facilement disponibles.

Équipement standardisé : À partir d'une ruche saine, vous pouvez prendre des cadres de couvain et de miel et les partager avec une colonie plus appauvrie, puisque la plupart des composants sont de taille et de forme standard. Cela permet également de s'assurer que, le cas échéant, vous pouvez trouver des pièces de rechange, et qu'il y a beaucoup d'équipement et de ressources disponibles.

La mobilité : Une ruche Langstroth est plus facile à déplacer qu'une ruche à barrettes supérieures ou une ruche Warré, car les pièces peuvent être démontées et ré-empilées.

La production : Les ruches Langstroth sont destinées à réduire la production de faux-bourdons et à augmenter le miel et le couvain. Qu'il s'agisse d'élever des reines ou de récolter de la propolis et du pollen, les ruches Langstroth sont une option intelligente.

La ventilation : La ventilation pendant les journées d'été étouffantes est essentielle, ce qui constitue un avantage important de la conception de Langstroth. Celle-ci offre une ventilation plus exceptionnelle que la ruche à barrettes supérieures, mais permet également aux abeilles de bien s'agréger à l'air hivernal.

Des informations faciles à trouver : Le programme Oregon Master Beekeeper souligne que, malgré l'abondance de connaissances et la facilité d'utilisation, les ruches Langstroth sont peut-être plus adaptées aux débutants.

Inconvénients Poids : Un super profond entièrement chargé pèsera plus de 20 kg ! Tous les haltérophiles ne sont pas apiculteurs.

Esthétique : Les ruches Langstroth ne sont ni naturelles ni jolies, mais la vue de ces boîtes est si régulière qu'elles semblent ne pas être vues.

Conception non naturelle : Les abeilles ont tendance à choisir de créer un rayon dans des structures hautes et circulaires, et avec la forme rectangulaire de la Langstroth, les apiculteurs doivent souvent déplacer les cadres extérieurs vers le milieu de manière à ce que les abeilles en aient besoin, ce qui perturbe le travail des abeilles et les fait travailler plus dur pour amener la ruche à une température et une humidité optimales. Les abeilles conservent un niveau d'humidité et de température spécifique et perturbent la colonie, ce qui peut les exposer à un risque de contamination et d'intrusion. Cependant, les abeilles et les apiculteurs ont beaucoup de travail à faire.

2. LA RUCHE WARRÉ Vous n'êtes pas seul, même si vous n'avez jamais entendu parler des ruches Warré. Développé par Emile Warré, un prêtre français, le modèle de ruche gagne en importance aux Etats-Unis. Warré a passé sa vie à utiliser et à rechercher différentes formes de ruches, et au début des années 1900, il a développé ce qu'il appelait "la ruche du peuple". Ce style est plus petit qu'une ruche Langstroth, avec des parties

carrées plutôt que rectangulaires (12 pouces de large et 8 pouces de profondeur) et des boîtes fixées au fond plutôt qu'au sommet.

Les avantages de l'apiculture sans les mains : Version verticale de la ruche à barrettes supérieures, la ruche Warré est construite pour imiter un arbre creux, ce qui aide les colonies à survivre au froid de l'hiver, et les abeilles construisent leurs rayons sur des plaques sans fondation. Cette conception minimise l'intervention des apiculteurs et, bien sûr, rend les abeilles heureuses et stables. C'est une ruche idéale lorsque la pollinisation est l'un de vos principaux objectifs.

Contrôle de la température et de l'humidité : La ruche est surmontée d'une boîte isolante en sciure de bois prise en sandwich entre deux couches de toile de coton. Cette structure permet d'assurer la régulation de l'humidité et de la température.

Esthétique : Bien que les ruches Warré soient rectangulaires, elles ont une apparence moins utilitaire. Grâce à leur taille et à leur toit en pente, elles peuvent être très pittoresques dans une cour ou un jardin.

Production : En insérant les boîtes en temps voulu, la production de miel peut être équivalente à celle d'une méthode Langstroth.

Inconvénients Prix : Si vous ne les créez pas vous-même, les ruches warré peuvent être coûteuses, et les matériaux ne sont pas aussi largement accessibles que les Langstroth.

Travail à deux personnes : Vous avez besoin d'une deuxième personne pour vous aider à ajouter des hausses car les ruches Warré sont conçues de bas en haut.

Outils d'extraction : L'extraction du miel n'est pas aussi facile qu'avec la ruche Langstroth car les machines d'extraction du miel sont principalement conçues pour les cadres de ruche Langstroth.

Pas de nourrisseur frontal : Il n'y a pas de place pour un nourrisseur frontal sur une ruche Warré, ce qui nécessite de nouvelles technologies pour compléter les colonies si nécessaire.

3. Les ruches à barres supérieures Les ruches à barres supérieures existent d'une manière ou d'une autre depuis des décennies, mais ce n'est que récemment qu'elles ont pris de l'importance aux États-Unis. Le mot-clé ici est la simplicité : Dans ce type de ruche, des barres de bois sont suspendues au-dessus d'une cavité de ruche avec des bandes de cire ajoutées sur la face inférieure pour faciliter la formation des rayons, et aucune base en plastique n'est utilisée. Des preuves suggèrent que les apiculteurs de la Grèce antique utilisaient des paniers ou des pots à cet effet. Les ruches typiques à barrettes supérieures ressemblent à de longues boîtes en bois à un étage, légèrement triangulaires sur le fond, avec un toit aux extrémités et une entrée grillagée. Certaines personnes ajoutent un côté d'un écran en plexiglas pour pouvoir observer la colonie au travail.

Avantages

Prix : Les coûts de démarrage des ruches à barrettes supérieures sont relativement modestes, il est donc facile de les construire soi-même.

Accès à la ruche : Le travail de la ruche est plus facile parce que vous retirez un cadre à la fois, qui pèse généralement de 3 à 7 livres, et vous n'avez pas à vous occuper de hausses lourdes.

Gagnez de la place : Avec ce type de ruche, vous n'avez pas de pièces de ruche supplémentaires (comme les hausses) à stocker - il suffit de bloquer une partie de la ruche jusqu'à ce que votre colonie ait besoin de plus d'espace.

Perturbations limitées : Les abeilles sont peu perturbées par la configuration de la barre supérieure lorsque vous faites fonctionner la ruche. Si votre objectif principal est la pollinisation, c'est peut-être le bon style.

Inconvénients

Régulation de la température : Les ruches à barrettes supérieures rendent le contrôle de la température plus difficile pour les abeilles, en particulier par temps froid. La configuration étendue des boîtes à un seul niveau fait qu'il est plus difficile pour les abeilles de se tenir au chaud, de sorte qu'une vague de froid peut dévaster les colonies plus rapidement.

Une production irrégulière : La production de miel est plus difficile à mesurer que pour une ruche Langstroth : quelle quantité prenez-vous ? Dans quelle mesure êtes-vous en retard ?

Pas d'équipement standardisé : L'équipement standardisé n'est pas facilement disponible pour les ruches à barrettes supérieures, en particulier si vous construisez votre propre boîte.

Élevage des reines : Dans ce type de ruche, l'élevage des reines est plus ardu, car il est difficile de séquestrer la reine active.

En fin de compte, l'objectif que vous poursuivez en élevant des abeilles est le facteur le plus important pour déterminer le type de ruche que vous choisissez : pollinisation ou miel. Pensez au temps que vous décidez de consacrer à l'apiculture, aux frais de démarrage, à l'approvisionnement en fournitures, à la puissance de votre dos et, au final, au bien-être de vos colonies. Il n'y a pas de mauvaise réponse ici, et vous serez enfin sur la voie d'un nouveau passe-temps fascinant.

Chapitre quatre

Achat d'abeilles

L'achat d'abeilles est le moyen le plus simple et le plus économique pour l'apiculteur inexpérimenté de lancer un rucher. Les deux méthodes les plus populaires pour obtenir des abeilles sont les abeilles en kit ou les noyaux de ruche.

- Commandez des abeilles : Appelez le fournisseur local ou l'organisation apicole locale pour commander une cargaison d'abeilles. L'achat devrait comprendre une reine, plusieurs ouvrières et une mangeoire remplie de sirop de sucre. Le fabricant d'abeilles vous fournira des détails sur le déplacement du kit d'abeilles dans leur nouvelle maison et sur l'ajout des ouvrières à la reine. Dans votre sac à abeilles, celle-ci vole en toute sécurité dans une cage spéciale.

O Le moyen le plus courant de présenter la reine est d'utiliser la forme longue. Les abeilles ouvrières font connaissance avec le nouveau monarque, alors qu'elles se frayent lentement un chemin dans le vide alimentaire de leur cage.

- Nucléus de ruche : Vous pouvez même commander un nucléus de ruche. Un nucléus (communément appelé "nuc") est une colonie de taille réduite de moitié. L'échelle la plus courante est un nuc à cinq cadres. Vous obtenez cinq cadres de pois, d'œufs, de pollen, de reine et de couvain (œufs de bébé). L'achat d'un nuc vous donne la possibilité de vous lancer dans le développement d'une colonie. Cette stratégie est cependant un peu plus dangereuse que celle des abeilles en kit, car le rayon de miel va propager les insectes et les maladies de la ruche donneuse à votre ruche.

Pour connaître le meilleur endroit où acheter des abeilles sûres dans votre ville, renseignez-vous auprès d'une organisation apicole locale.

Voir des abeilles : Dans la nature, on appelle essaims, les colonies d'abeilles que l'on voit parfois dans la nature. Les abeilles divisent également leurs territoires car elles ont besoin de plus d'espace pour la colonie qui grandit. L'essaimage est un comportement naturel chez les abeilles mellifères qui se produit le plus souvent au printemps. Il n'est pas difficile d'attraper un essaim car les abeilles semblent avoir un comportement doux. Quoi qu'il en soit, veillez à toujours porter des vêtements propres. Il peut également être judicieux d'emporter du sirop d'eau sucrée et une cigarette pour calmer ces abeilles de mauvaise humeur.

Les abeilles sur les branches d'arbres peuvent être récoltées en enlevant le bureau et en mettant le rayon dans un bocal en le secouant doucement. On peut diriger les abeilles vers un pot placé sur une surface plane ou un poteau de clôture en les frottant doucement avec du carton, comme on le ferait pour une pelle à poussière. On peut aussi les guider vers le pot en soufflant derrière elles de la fumée, ce qui les incite à pousser dans la direction opposée (vers le récipient). Déplacez les abeilles du pot vers une ruche, en les tournant doucement contre elle.

Les abeilles pullulent sur une branche : Mais parfois, il n'est pas toujours plus confortable d'avoir un foyer. Les abeilles sauvages peuvent avoir une maladie ou un mauvais matériel génétique. La reine peut avoir été blessée ou tuée et être encore difficile à localiser parmi les abeilles sauvages.

Ce n'est pas parce que vous pouvez le voir que vous pouvez le porter. Certains États peuvent avoir des règles sur ce qu'on appelle la terre, ainsi prendre certaines abeilles peut être appelé vol si la branche d'arbre se trouve sur la cour de votre voisin. Consultez les codes municipaux avant de tenter de piéger des abeilles sauvages.

Décidez de l'approche qui vous convient pour recevoir des abeilles, en fonction des circonstances locales. S'il existe une organisation apicole dans votre ville, elle peut vous aider à récupérer un essaim d'abeilles sauvages ou vous indiquer où acheter une colonie de départ.

Comment transporter une abeille

Ouvrir une ruche est une proposition intrinsèquement terrifiante. Après tout, l'emballage comprend des milliers d'"insectes piqueurs" ! Vous pouvez trouver l'ouverture d'une colonie excitante, fascinante et même apaisante jusqu'à ce que vous vous habituiez à les gérer et que vous sachiez qu'aucune d'entre elles n'essaie de vous piquer (après tout, elles meurent si elles piquent) Les abeilles vous montrent comment agir - être lent, serein, alerte et poli. Vous devez vous concentrer et vous dévouer entièrement pour que tous les soucis du monde puissent s'évanouir lorsque vous sentez l'odeur de la propolis et du miel, entendez le bourdonnement apaisant des abeilles et observez les activités coordonnées de la ruche. Si vous veillez à ne pas tuer les abeilles (la principale cause de piqûre), à les traiter avec douceur et à utiliser correctement l'équipement et les protections de sécurité, vous ne recevrez qu'une piqûre occasionnelle.

Oui, une piqûre fait mal, mais si vous la grattez rapidement avec un ongle ou un outil pour abeilles, vous obtenez très peu de venin, et c'est une nuisance légère, pas quelque chose dont il faut avoir peur.

La cigarette est l'arme principale pour arrêter les piqûres. Un soupçon de fumée distrait les abeilles de garde et les éloigne des zones où vous ne les voulez pas, comme la barre supérieure où vous devez positionner vos doigts pour retirer une étiquette. Si vous en avez besoin, un fumeur bien éclairé ne s'éteindra pas et peut avoir des heures de fumée.

Commencez par un fumoir vide. Le feu explose vers le haut, et vous avez besoin d'une lumière décente dans le fond, beaucoup de combustible au-dessus, et quelque chose comme un chiffon sur le dessus pour secouer partiellement le feu. Utilisez votre dispositif de ruche pour enflammer un morceau de papier journal de taille moyenne (8 à 10 pouces carrés) avec une flamme ou un briquet, forcez-le dans l'enfumoir, puis ajoutez plus de charbon, pompez le soufflet vigoureusement jusqu'à ce que vous ayez une étincelle saine et chaude. Ajoutez un peu plus d'essence et pompez jusqu'à ce qu'elle soit bien brûlée. Remplissez ensuite l'enfumoir avec plus de charbon, recouvert d'un morceau de tissu qui englobe presque toutes les flammes, en laissant un léger courant d'air pour que l'air et la fumée puissent circuler. Pompez le soufflet jusqu'à ce que la fumée soit dense, propre et froide, puis arrêtez. Si vous ne pompez pas le soufflet, un peu de fumée, pas beaucoup, sortira du crachat. Votre combustible peut être n'importe quelle fibre naturelle ou fil cellulosique, comme des chiffons de coton, des aiguilles de pin, des copeaux ou des cendres de bois, de la sciure ou des bâtons, de la toile de jute, des épis de maïs, et ainsi de suite. Évitez tout ce qui pourrait être nocif, comme le bois manipulé à la chaleur, le bois teinté, le bois de cèdre, les matériaux synthétiques, la ficelle de presse ou les substances susceptibles de créer des gaz. Couvrez le trou du fumoir avec un bouchon de liège à la fin de la séance, puis posez-le sur le côté pour couper le flux d'air et éteindre les flammes. Ce sera très bien, dans une dizaine de minutes. Jetez le charbon de bois la prochaine fois que vous l'allumerez et utilisez-le pour bien démarrer le feu. Ne jetez jamais les charbons chauds ! Cela signifie qu'une grande partie du feu de forêt a été allumée.

Au lieu d'un enfumoir, vous pouvez choisir d'utiliser un flacon pulvérisateur de sirop de sucre fin (environ une part de sucre pour deux parts d'eau). Cela aide car les abeilles sont généralement détendues, mais un enfumoir est plus efficace.

Portez toujours un voile pour éloigner les abeilles de votre visage, qui, même si elles ne piquent pas, peuvent être déconcertantes. Lorsqu'une abeille va traverser le couvercle, restez immobile, éloignez-vous de la ruche, enlevez le couvercle, retournez-la et laissez l'abeille s'envoler.

Vous devriez acheter des gants et un masque, mais ne les utilisez pas tant que vous ne rencontrez pas une ruche sale. Portez-les si vous y êtes obligé au début, mais retirez-les au fur et à mesure que vous vous sentez plus à l'aise avec les abeilles. Les gants vous empêchent de toucher les abeilles qui pourraient se trouver sous vos doigts, de les écraser et d'irriter la colonie. Elles vont s'en prendre à tous ceux qui vous entourent, et elles vont aussi s'en prendre à vous lorsque vous enlèverez vos vêtements. Ouvrez votre ruche par temps chaud, vers midi. On est particulièrement doux quand il y a une miellée en cours. Arrêtez les séances en fin d'après-midi, ou lorsqu'un orage est en route, car elles deviennent plus agressives. Faites attention aux voisins et n'importunez pas les abeilles si elles sont à proximité, nagez dans leur piscine ou organisez un pique-nique. Donnez-leur un pot de miel de temps en temps, et vivez en toute sécurité. Approchez la ruche par l'arrière ou le côté et passez la main autour de la porte pour fumer un peu. Retirez la couche supérieure et fumez en dessous. Si elle est très piégée, à l'aide d'une brique ou d'une pierre, poussez doucement les coins vers le haut, en faisant craquer le lien de la propolis. Retirez le couvercle supérieur, puis posez-le à l'envers sur la table.

Déplacez l'outil de ruche et faites-le levier sous un coin du couvercle intérieur. S'il est toujours coincé, faites également levier sur l'autre bord. Vous pouvez également utiliser deux dispositifs sur la ruche, un dans chaque main. Tenez l'appareil dans votre main ("paume") pendant que vous soulevez le couvercle intérieur, fumez un peu sous celui-ci, et tenez-le à côté de la ruche, des abeilles et de tout le reste. Faites attention à ne pas tuer d'abeilles, car vous les mettez dans une position où vous ne leur donnez pas de coup de pied.

Vous êtes maintenant en mesure de dessiner le premier cadre. Placez vos pieds aussi près que possible de l'abeille, dans un endroit pratique et sûr. Choisissez une structure à prendre dans la main la plus proche, généralement la deuxième. Les cadres extérieurs doivent être attachés à la boîte de bavures, vous voulez donc que la Reine obtienne un cadre le moins possible. S'il y a un peu de ronce entre les plaques supérieures, séparez-la des cadres voisins et le cadre que vous avez choisi ressort. Desserrez toutes les extrémités du cadre et utilisez votre outil à ruche pour le faire glisser latéralement. Placez l'extrémité du dispositif à côté d'une extrémité sous la barre supérieure et faites levier vers le haut, en utilisant le cadre adjacent comme point d'appui. Attrapez la barre supérieure à côté du bord lorsque vous faites levier de l'autre côté. Tenez fermement la structure dans les deux mains et soulevez-la régulièrement en la tenant parfaitement droite jusqu'à ce qu'elle atteigne les différents cadres, ce qui permet à toute abeille piégée entre les cadres de s'échapper. Si vous inclinez ou tournez le cadre, vous écraserez les abeilles, vous vous piquerez et vous risquez de tuer votre reine.

Soufflez un peu de fumée sous la hausse pour ramener la hausse sur la ruche, poussez les abeilles groupées sur les plaques, et enfumez les abeilles sur le dessus de la boîte inférieure. Tenez la hausse et faites-la basculer au-dessus de la petite table de façon à ce qu'un seul coin descende. Secouez doucement un côté vers le bas dans le plateau, pour donner aux abeilles une chance de s'écarter du chemin. Secouez légèrement la boîte de haut en bas pendant que vous la mettez lentement en place. Si vous y arrivez, il n'y a pas de bruit de craquement des abeilles écrasées, et vous allez pouvoir vous promener, en retirant les couvercles intérieur et supérieur de la même manière, sans vous piquer.

Nourrir les nouvelles abeilles
Vous vous demandez peut-être si vos abeilles mellifères vont mourir de faim ou si elles ont suffisamment de provisions pour passer l'hiver. Et peut-être voulez-vous motiver votre colonie à s'installer correctement pour une sécurité optimale au printemps. Alors, quand nourrissez-vous vos abeilles, et comment ?
Comment nourrissez-vous les abeilles ?

Dans un environnement parfait, vous laisseriez beaucoup de miel aux abeilles et vous n'auriez pas besoin de les nourrir. Cependant, il arrive parfois que le flux de nectar soit faible et que les abeilles n'aient pas assez de miel en réserve, surtout si vous avez une nouvelle colonie qui vient de démarrer au printemps.

Lorsque vous pouvez facilement récupérer votre ruche, il se peut qu'elle soit pleine d'abeilles. La colonie en pleine croissance a besoin d'au moins 50 à 60 livres de miel stocké pendant l'hiver pour éviter qu'elles ne meurent de faim. Vous pouvez commencer à les nourrir si vous vous renseignez suffisamment tôt dans la saison, par exemple à l'automne. Vous devez également approvisionner les abeilles, même si vous ne mangez pas avant l'hiver et le début du printemps. Les jours d'hiver froids, vous pouvez utiliser du sucre cristallisé ou du fondant. Vous pouvez utiliser différents styles de nourrisseurs pour nourrir vos abeilles, assurez-vous simplement que celui que vous utilisez correspond à l'environnement et aux besoins de vos abeilles. De nombreux nourrisseurs sont plus performants que d'autres. Un nourrisseur pour ruche constitué d'un seau inversé avec quelques petits trous percés au milieu du couvercle fonctionne bien. De cette façon, on peut toujours inverser les pots Mason.

Si, en hiver, vous inspectez ou nourrissez des abeilles, n'ouvrez pas la ruche avant qu'il fasse au moins 40 degrés F à l'extérieur, avec peu ou pas de chaleur. Ne coupez jamais les cadres pour l'inspection, à moins qu'ils ne soient à l'extérieur à au moins 60 degrés F.

Lorsque l'on nourrit les abeilles, une question se pose : on veut favoriser le développement des larves. Certains types d'aliments favorisent le développement du couvain plutôt que d'autres : par exemple, le sucre cristallisé, en raison de sa faible teneur en eau, ne le fait pas. Ne lui donnez que la quantité dont il a besoin. Une suralimentation peut provoquer un essaimage des abeilles ou une surproduction de couvain.

Si vous avez conservé du miel, vous pouvez nourrir vos abeilles avec. Le bébé est la meilleure nourriture pour les abeilles. Mais ne l'utilisez jamais pour acheter du miel, car il infectera votre ruche de maladies et de pollution ! Les apiculteurs mettent parfois de côté du bébé noir, de couleur forte ou autre "off" en cas d'urgence pour nourrir les abeilles. Sinon, produisez du sirop de sucre ou nourrissez-les avec du sucre sec.

Recettes à base de sirop de sucre Galettes de pollen Les abeilles ont besoin de protéines et, le cas échéant, vous pouvez également les nourrir avec des galettes de pollen. Vous pouvez les acheter sous forme de poudre sèche, ou les fabriquer. Mettez la galette de pollen sur les poteaux supérieurs. La poussière est essentielle pour l'élevage du couvain au début du printemps, donc si vous êtes inquiet pour vos abeilles, utilisez des galettes de pollen au début du printemps.

Fondant et sucre candi Le fondant et le sucre candi seront servis en hiver si le sirop de sucre est trop froid même s'il y a une urgence.

Bonbons au sucre : Ajouter 12 livres de sucre à un quart d'eau bouillante et bien mélanger. Laissez mijoter 15 minutes, puis ajoutez 1/2 cuillère à café de sel et une cuillère à café de crème de tartre. Laisser refroidir un peu, puis remuer vigoureusement et verser dans les plats. Lorsqu'elle est suffisamment refroidie, renversez le plateau sur les cadres qui contiennent la grappe. N'oubliez pas d'essayer aussi la formule pour les bonbons durs.

Fondant : Mettez un quart d'eau à bouillir dans un grand récipient. Éteignez-la, ajoutez 5 lb de sucre cristallisé et mélangez. Lorsque le sucre est dissous, portez à nouveau l'eau à ébullition et commencez à mélanger. Amener le mélange à une boule de bonbon dur, 260-270 degrés F sur un thermomètre avec un biscuit. Versez dans des moules ou sur des plaques à biscuits recouvertes de papier ciré. Diviser en plus petites parties jusqu'à ce qu'elles refroidissent, et les recouvrir de papier ciré au congélateur.

Acheter des colonies établies

Il n'est pas conseillé aux nouveaux venus d'acheter des colonies existantes, mais les apiculteurs chevronnés peuvent considérer que c'est un moyen réaliste d'augmenter le nombre de leurs provinces. Les problèmes associés à l'achat de matériel et d'abeilles d'occasion comprennent l'évaluation de la valeur marchande réelle, le risque de contracter des maladies et le fait d'avoir du matériel dont la qualité est extrêmement volatile et dont les mesures ne sont probablement pas standard.

Bien que les retours financiers d'une colonie existante puissent être réalisés dès la première saison, les débutants ne sont généralement pas suffisamment qualifiés pour gérer un territoire de taille complète. En achetant des unités plus petites comme des paquets ou des nucs au printemps, un débutant peut acquérir des compétences apicoles plus persuasives et gagner en confiance et en compétences de gestion à mesure que la taille de la colonie augmente au cours de la saison.

Chapitre 5

Les bases de l'inspection des ruches

L'inspection quotidienne des ruches est essentielle pour suivre la croissance de vos abeilles. Vous devez reconnaître les problèmes et les résoudre rapidement. Il est nécessaire pour l'apiculteur possédant une seule colonie comme pour celui qui possède un rucher d'examiner la ruche. Les différentes ruches ont leurs propres routines d'examen et d'entretien. De nombreuses ruches peuvent potentiellement durer longtemps sans avoir besoin d'être inspectées, tandis que d'autres peuvent nécessiter des inspections fréquentes. Les ruches ont généralement besoin de contrôles plus réguliers au cours de leur première année. La ruche aura besoin de beaucoup moins de contrôles au cours de sa deuxième année.

1. Ce qu'il faut surveiller Pendant l'inspection d'une ruche, il y a une variété d'éléments que vous pouvez rechercher. Le bien-être de la colonie d'abeilles et la stabilité structurelle de la ruche sont généralement primordiaux. Observer régulièrement les abeilles et les écouter vous aidera à établir les bases d'une détection simple des problèmes. Elle peut également être utilisée par une personne dotée d'un fort sens de l'odorat pour avoir un aperçu de l'état de ses ruches ! Les apiculteurs doivent être conscients de la nécessité de déterminer de temps en temps la bonne qualité du couvain. L'examen d'une colonie est l'occasion

d'évaluer le bien-être du couvain. Une baisse du nombre d'abeilles suggère une mauvaise santé du foyer. Si vous avez constaté un déclin du couvain dans votre ruche, vous pouvez envisager d'utiliser un booster de couvain ou de donner des galettes de pollen à vos abeilles.

2. L'inspection d'une ruche vous aidera à prévoir la production de la colonie. En utilisant la chance pour déterminer quelle pièce doit être incluse pour vos abeilles. Cela permet d'ajouter plus de cadres ou de boîtes à abeilles. Les apiculteurs ajouteront plus d'espace pour les abeilles jusqu'à ce que cela soit indispensable. Des populations d'abeilles plus importantes ont plus de chances de survivre aux conditions difficiles.

À noter : une colonie d'abeilles peut se diviser ou s'éloigner de la ruche, qui devient trop grande pour la pièce dans laquelle elle vit.
Il existe plusieurs moyens de gérer la taille des colonies d'abeilles, comme la séparation des ruches. Votre contrôle des ruches vous indiquera quand il est temps de réduire votre colonie d'abeilles.
La division de la colonie est une façon de gérer l'essaimage. Lors des inspections de ruches, les coupes à reine et autres dispositifs d'essaimage doivent vous alerter.
3. Ce qu'il ne faut pas porter Arrêtez de porter des parfums, des eaux de Cologne ou d'utiliser des sprays pour cheveux parfumés

pendant l'inspection des ruches. Pendant un examen, les odeurs sucrées attirent l'attention des abeilles plus que vous ne le souhaitez. N'oubliez pas non plus d'enlever vos bijoux, en particulier les bagues. Si vous vous faites piquer sur la paume, alors que vous êtes sur un cercle, la douleur sera encore plus naturelle pour vous. C'est parce que les bagues ne poussent pas. Le cuir et la laine sont des tissus qui peuvent dégoûter les abeilles. Leur odeur aggrave les abeilles, et ces matériaux transportent une grande quantité d'odeur corporelle perceptible par les mouches.

4. Ce qu'il faut porter L'inspection des ruches vous met à proximité des abeilles de par leur conception et leurs objectifs. La protection est principalement destinée aux apiculteurs. Lors de l'inspection des ruches, vous devrez porter un équipement de protection pour le fixer correctement, et si vous êtes à proximité d'une ruche. Il suffit d'une abeille mécontente pour vous faire tomber dans la ruche et aggraver la situation de tout un tas d'abeilles ouvrières. Assurez-vous d'avoir une machine à ruches et un enfumoir pour l'inspection des ruches en plus de l'équipement de sécurité.

Conseils de sécurité Si une abeille tente de se frayer un chemin à travers votre écharpe lors d'une inspection de ruche ou sous votre tenue d'apiculteur, ne vous inquiétez pas. Éloignez-vous de la ruche sans que l'abeille soit écrasée.

Enlevez le voile ou le masque de chaque ruche si vous êtes à une distance sûre. Vous devez aborder le problème de l'abeille sous votre costume d'apiculteur à un rythme sain.

L'agitation et toute autre activité nerveuse peuvent aggraver la situation des abeilles. Si vous hésitez, vous serez également plus susceptible de faire une erreur.

5. Combien de temps faut-il pour inspecter une ruche ? La durée d'ouverture varie de l'un à l'autre ? Les apiculteurs, eux aussi, peuvent varier leurs horaires d'inspection des ruches en fonction de leur disponibilité pour mener à bien cette enquête. Si les apiculteurs doivent surveiller leurs colonies d'abeilles et leurs ruches, ils ne doivent pas non plus déranger les abeilles. Il faut inspecter une ruche moyenne toutes les 2 à 3 semaines. Les essaims plus récents doivent être inspectés tous les 7 à 10 jours afin de suivre leur évolution.

Comme la ruche dure plus longtemps avec des abeilles dedans, les apiculteurs augmentent lentement le nombre de jours ou de semaines entre les inspections de ruches. Sachez que chaque interférence de ruche prend une journée aux abeilles pour se rétablir. Cela signifie que le temps perdu à récolter du nectar et du pollen pour les utiliser dans la ruche serait mieux employé. Ceci ne concerne que les colonies d'abeilles nouvellement montées. Si vous en faites trop pour les ennuyer, elles peuvent vouloir quitter la ruche et aller s'installer ailleurs.

Les apiculteurs débutants peuvent s'inquiéter de l'état de leur colonie d'abeilles. Ils peuvent finir par ouvrir leurs ruches trop souvent, dans leur inexpérience. Des inspections très régulières des ruches entraîneront un stress de la colonie. Les abeilles ne trouvent pas familier que l'on s'immisce dans les essaims. Les impacts des conflits de colonies ne sont pas adaptés à l'apiculture. Les abeilles vont soit quitter la ruche, soit tuer leur reine. D'autres ont été trouvés avec des déplacements à basse fréquence des reines. Inspecter une ruche est une bonne chose, mais n'en faites pas trop. Chaque fois que vous effectuez une inspection de ruche, assurez-vous d'avoir une bonne explication pour cela.

6. Si vous n'ouvrez pas une ruche, c'est aussi un moment difficile pour les abeilles de commencer une colonie. Pour toute intervention que vous faites lors d'une inspection de ruche, les abeilles ont besoin de temps pour récupérer. Il ne faut pas trop ouvrir une ruche pour éviter une baisse de productivité et de bien-être de vos abeilles. Les conditions environnementales permettent également d'évaluer l'aptitude à l'inspection des ruches.

Par temps froid, il est conseillé aux apiculteurs de ne pas ouvrir les ruches. Pour les inspections de ruches, les conditions météorologiques modérées sont les plus sûres. Il ne faut pas qu'il fasse sec, qu'il vente ou qu'il gèle. Un temps de pluie ou d'averse ne convient pas non plus. Faire lever les cadres de couvain est particulièrement préjudiciable à votre colonie d'abeilles. Le froid affecte le couvain, ce qui entraîne une réduction de la croissance.

Les abeilles ouvrent la ruche pendant les mois d'hiver, utilisant le miel comme source d'énergie. L'ouverture de la ruche en hiver ajoute une pression pour garder la ruche sèche. Les abeilles peuvent manger plus de pollen, ce qui réduit les ressources nécessaires à la colonie pendant l'hiver.

7. Meilleur moment de la journée pour inspecter la ruche Pour que l'inspection des ruches soit un moment agréable et commode pour les abeilles, assurez-vous que le corps ne recouvre pas ou n'obstrue pas les entrées de la ruche. Les apiculteurs compétents s'exercent au moment de l'inspection des ruches. Ils prévoient le moment de la journée auquel la plupart des abeilles sont sorties pour butiner et examiner la ruche. Il tient compte de l'aggravation du nombre d'abeilles dans le nid. Vous disposez d'un moment idéal pour effectuer les contrôles entre 11 heures et 14 heures. Pendant les inspections, vous devez être très vigilant avec la Reine des abeilles.

A propos de la reine Lors d'une inspection de ruche, vous n'avez pas besoin de voir la reine.
Les œufs déposés dans les cellules sont un signe de réussite de la reine des abeilles dans la ruche.

Les apiculteurs qui n'ont aucune expérience de la reconnaissance de la reine des abeilles peuvent la marquer pour un repérage plus simple.

Se fier à la lumière naturelle Il n'est pas sain pour les apiculteurs d'emporter avec eux du matériel d'éclairage à utiliser lors de l'inspection des ruches. Les apiculteurs se fient à la lumière naturelle lorsque la ruche est ouverte et reconstituée. Vers 11 heures et 14 heures, ces heures de la journée présentent un avantage supplémentaire, car le soleil est bien haut dans l'atmosphère. Cela éclaire l'intérieur de la ruche lorsque vous l'ouvrez et l'examinez. Si vous effectuez une inspection des ruches pendant ces heures autorisées, vous aurez moins de lumière à gérer.

8. Inspections : Les abeilles sont moins actives pendant l'hivernage. Elles se dispersent au fond de la ruche et ne touchent pas le sommet. Les contrôles de la ruche d'hiver seront effectués rapidement. On y parvient mieux lorsque la température n'est pas trop basse. Un bref coup d'œil est tout ce que vous pouvez avoir. Votre inspection des ruches d'hiver est le moment idéal pour nourrir vos abeilles également. Les aliments que les apiculteurs donnent à leurs abeilles pendant l'hiver sont des gâteaux de sucre et des galettes de protéines. En hiver, il ne faut pas arracher toute la ruche. Pendant l'hiver, les apiculteurs qui effectuent une inspection des ruches peuvent retirer uniquement le couvercle supérieur et le couvercle intérieur. Si votre colonie possède une couverture isolante, vous pouvez

retirer la feuille supérieure. Consultez notre post sur les conseils apicoles utiles en hiver pour plus d'informations.

Utilisation d'une liste de contrôle pour l'inspection des ruches

Inspection des ruches

Lors des inspections de ruches, les apiculteurs peuvent utiliser une liste de contrôle sur une ruche. Une liste vous aidera à effectuer avec précision toutes les activités prévues pour l'inspection des ruches. Elle vous permet de garder une trace de ce que vous avez fait pendant l'inspection et de créer un enregistrement chronologique du bien-être de vos ruches.

Pour les différentes formes de contrôle, les apiculteurs peuvent disposer d'une liste de contrôle standard. Une liste de contrôle peut comporter un certain nombre d'éléments, et vous pouvez ajouter des espaces supplémentaires.

Les ruches sont uniques à leur manière, ce qui peut nécessiter une liste de contrôle qui leur est propre. Les différents styles de ruches présentent différents problèmes techniques à surveiller. Certaines conceptions de ruches peuvent permettre aux abeilles de tirer de manière inappropriée sur le rayon. Lors de l'inspection des ruches, il convient de ramasser rapidement ces bavures de rayons. Le guide vous permet d'identifier rapidement les thèmes et les motifs.

Le nombre infini de domaines et d'aspects de l'intégrité de la ruche dont vous devez tenir compte dans votre liste de contrôle d'inspection comprend (sans s'y limiter) : l'aspect général de la ruche ; la preuve de la présence de parasites et de maladies ; le temps et la reproduction ; la prédominance de l'abeille.

La meilleure façon d'obtenir des abeilles pour un nouvel apiculteur, à mon avis, est d'acheter un nuc localement auprès de collègues apiculteurs. De cette façon, vos abeilles ne seront pas expédiées, ce qui est généralement stressant, et vous rencontrerez également un collègue apiculteur qui pourra vous aider en cas de besoin.

Confusion sur l'emplacement des ruches
Ruches d'abeilles dans un champ
Décider de l'emplacement de sa ruche est l'un des défis les plus courants pour un nouvel apiculteur. Si vous avez beaucoup d'années dans cette activité, vous avez des connaissances spécifiques à ce sujet. Nous vivons à une époque où le changement climatique, les produits chimiques et l'économie ont un réel impact sur notre activité.
Les nouveaux apiculteurs ont tendance à commencer dans leur jardin. C'est un moyen simple de commencer si vous vivez en dehors de la ville, mais si vous vivez entouré de voisins ou près d'une route, cela présente des difficultés. Certains livres et sites Web indiquent que vous pouvez placer votre ruche presque

n'importe où, car les abeilles voyagent beaucoup pour obtenir leur nectar.

Je me demande parfois si cette personne s'est jamais approchée d'une ruche dans sa vie. Oui, les abeilles volent et parcourent des kilomètres pour obtenir leur nectar, et c'est pourquoi c'est un défi. Aucun rucher ne devrait être placé là où il présente un risque potentiel pour les autres personnes, les animaux ou les abeilles elles-mêmes.

Vous devez trouver un endroit qui dispose d'une excellente source florale. Il doit également protéger vos abeilles des prédateurs et des vandales, disposer d'une source d'eau proche avec un système de drainage, et d'une bonne quantité de soleil.

Source florale nécessaire aux abeilles

On pourrait penser que si un champ est plein de fleurs, nos abeilles vont l'adorer. Mais laissez-moi vous demander si vous aimez tous les aliments disponibles au supermarché ? Je dirais que non ? Les abeilles sont pareilles ; elles ne recueillent pas le nectar de toutes les fleurs qui poussent dans votre jardin.

On estime qu'il existe environ 20 000 espèces d'abeilles dans le monde, et l'abeille domestique n'est que l'une d'entre elles. Différents types d'abeilles domestiques ont évolué pour polliniser les espèces végétales dans leur habitat naturel. Par exemple, les abeilles d'Italie sont attirées par les fleurs d'agrumes. Si une abeille n'a pas eu de fleur d'agrumes dans son habitat naturel, elle va ignorer cette fleur. Si vous prenez les abeilles africanisées du Brésil qui pollinisent l'Amazone et que vous les emmenez dans le sud du Brésil pour polliniser les Eucalyptus, elles ne vont pas survivre. La connaissance des espèces végétales et des variétés indigènes qui vous entourent vous sera utile dans votre parcours apicole.

Manipulation des reines d'abeilles

Une ruche ne peut pas survivre sans elle, la reine. Et beaucoup d'apiculteurs débutants ne remarquent pas quand leur colonie est sans reine, généralement parce qu'ils supposent que le comportement de la colonie va changer radicalement.

Lorsqu'une ruche est sans reine, vous ne remarquerez pas tout de suite un changement dans le comportement de la colonie.

Il va y avoir beaucoup de miel et la circulation à l'entrée de la ruche va être saine, car les ouvrières sans larves à soigner, vont consacrer tout leur temps au butinage. Lorsque l'apiculteur constate la diminution de la population, et si la colonie est sans reine depuis trop longtemps, il est déjà trop tard, et la colonie va mourir.

Une reine produit près de 2000 œufs par jour. Si vous remarquez qu'il n'y a pas de couvain pendant la saison chaude, c'est une indication que votre ruche n'a peut-être pas de reine. Une autre chose qui peut se produire est que vous remarquez que la reine a besoin d'être remplacée. La vieille reine peut faiblir et ne plus produire la même quantité d'œufs qu'avant. Le comportement de la colonie n'est pas celui qu'il devrait être. Ou encore, la province n'est pas productive. Tous ces signes vous conduisent à la nécessité de changer votre reine.

La bonne nouvelle, c'est qu'il existe de nombreuses façons de remplacer une reine, et que les abeilles, en général, ont un pourcentage assez élevé d'acceptation d'une nouvelle reine. De plus, les abeilles font beaucoup de travail pour vous, et elles décident elles-mêmes quand une nouvelle reine est nécessaire. Et elles agissent en conséquence. Consultez mon article "combien de reines y a-t-il dans une ruche" pour plus de détails sur la façon dont cela se passe.

Si vous allez introduire la nouvelle reine, assurez-vous que l'ancienne reine est morte ou partie un jour avant d'introduire la nouvelle reine que vous avez commandée. Si vous attendez trop longtemps pour introduire une nouvelle reine, les ouvrières vont commencer à pondre des œufs, qui deviendront plus tard des faux-bourdons.

Prix du miel et demande du marché

Si vous vous lancez dans l'apiculture pour faire du profit, l'une des principales causes d'abandon de l'activité par les apiculteurs est lorsque le coût est supérieur au prix du produit. L'apiculture est aujourd'hui confrontée à de nombreux défis dont nous avons déjà parlé, mais la principale raison pour laquelle un apiculteur abandonne est que le marché l'expulse. Par exemple, l'année dernière, 30 % des apiculteurs de l'un des exportateurs de miel les plus traditionnels du monde, l'Uruguay, ont abandonné l'activité.

Si vous vous lancez dans l'apiculture en tant que loisir, vous n'aurez pas ce problème. Mais à un moment donné, vous allez produire plus de miel que vous ne pouvez en consommer et vous voudrez peut-être en vendre. En fait, l'apiculture est considérée comme un moyen très durable de sortir les gens de la pauvreté et est soutenue par de nombreux gouvernements dans le monde. Les prix du miel varient beaucoup car chaque activité dépend de l'offre et de la demande. Et si vous êtes dans un grand marché de consommation de miel, vous pouvez bénéficier ou subir les conséquences d'une sécheresse ou d'une inondation à l'autre bout du monde.

La recherche et la mise en place d'une stratégie pour vendre le produit est une chose que je vous recommande une fois que vous avez commencé à produire plus de miel. Commencez à vendre à vos amis, parlez aux entreprises locales pour proposer votre produit par leur intermédiaire. La vente de miel peut être une activité rentable.

Manque de nectar

Une disette de nectar est la pénurie de fleurs productrices de nectar. Et elle se produit généralement en hiver. Mais pour un nouvel apiculteur, reconnaître et gérer une disette de nectar (surtout celles qui se produisent en été) est un défi. La pénurie de nectar en été est causée par la sécheresse, ou une faible pluviométrie, et une chaleur excessive.

Parmi les choses qui peuvent se produire lors d'une pénurie de nectar, outre la pénurie de fleurs productrices de nectar, il y a le fait qu'une colonie en bonne santé peut tenter de dépouiller une colonie plus faible de sa réserve de nectar. Une colonie peut être dépouillée de sa réserve de nourriture, et les combats et les morts entre abeilles commencent, ouvrant la porte à d'autres prédateurs, comme les frelons, pour attaquer la colonie jusqu'à sa destruction.

Une autre conséquence est le transfert de parasites, comme le varroa, de la colonie faible à la colonie forte. C'est l'une des raisons pour lesquelles une colonie saine peut s'effondrer en l'espace de quelques semaines. Et les apiculteurs se demandent alors ce qui s'est passé.

Une fois que vous reconnaissez une pénurie de nectar (voir cet article sur la façon d'identifier une pénurie de nectar - ce qu'est une pénurie de nectar et comment y survivre), vous pouvez prendre les mesures suivantes pour protéger vos abeilles : Nourrissez-les avec du sirop. Évitez de mettre un nourrisseur dans la porte de la ruche, pour ne pas attirer d'autres colonies.

Utilisez un nourrisseur interne pour garder la nourriture à l'intérieur de la ruche.

Si vous allez les nourrir, évitez les huiles essentielles ou autres produits conçus spécialement pour les disettes de nectar. Ils vont attirer des abeilles qui sont à des kilomètres. Mettez le nectar à l'intérieur, et ne vous inquiétez pas, les abeilles vont trouver la nourriture.

Réduisez l'entrée de la colonie - fermez les portes supérieures. Si vous avez décidé de les nourrir ou non, cela devrait être l'une des premières choses à faire pour protéger le territoire des autres.

Ne mettez pas de mangeoires communautaires ou de cadres humides près de votre rucher - c'est une invitation aux colonies plus fortes à proximité de votre colonie plus faible.

Les défis seront plus faciles à relever une fois que vous aurez commencé.

Je sais qu'il peut sembler que l'apiculture est pleine de défis, surtout pour les nouveaux apiculteurs. Mais le fait est que tous ces défis et problèmes commenceront à apparaître de plus en plus petits une fois que vous commencerez à faire des recherches, à apprendre et à acquérir une expérience pratique de l'apiculture.

L'une des raisons pour lesquelles l'apiculture est un excellent passe-temps est qu'elle est très diversifiée et que l'on apprend tout le temps. C'est pourquoi je l'aime et j'espère que vous l'aimerez aussi.

Cycles saisonniers d'activités dans les colonies

Une colonie d'abeilles mellifères comprend un groupe de plusieurs à 60 000 ouvrières (femelles sexuellement immatures), une reine (femelle sexuellement développée) et, selon la population de la colonie et la saison de l'année, quelques à plusieurs centaines de faux-bourdons (mâles sexuellement exploités). Une colonie n'a généralement qu'une seule reine, dont la seule fonction est de pondre des œufs. Les abeilles se regroupent en vrac autour de plusieurs rayons de cire, dont les cellules servent à stocker le miel (aliment glucidique) et le pollen (aliment protéique) et à élever de jeunes abeilles pour remplacer les vieux adultes.

Les activités d'une colonie varient en fonction des saisons. La période de septembre à décembre peut être considérée comme le début d'une nouvelle année pour une colonie d'abeilles domestiques. L'état de la colonie à cette période de l'année affecte considérablement sa prospérité pour l'année suivante. 1Entomologiste de recherche, Science and Education Administration, Carl Hayden Center for Bee Research, Tuscon, Ariz. 85719.

À l'automne, la diminution des quantités de nectar et de pollen entrant dans la ruche entraîne une réduction de l'élevage du couvain et une diminution de la population. Selon l'âge et l'état de ponte de la reine, la proportion de vieilles abeilles dans la colonie diminue. Les jeunes abeilles survivent à l'hiver, tandis que les vieilles meurent progressivement. La propolis recueillie sur les bourgeons des arbres est utilisée pour colmater toutes les fissures de la ruche et réduire la taille de l'entrée pour empêcher l'air froid d'entrer.

Lorsque le nectar du champ se fait rare, les ouvrières entraînent les bourdons hors de la ruche et ne les laissent pas revenir, ce qui les fait mourir de faim. L'élimination des bourdons réduit la consommation des réserves de miel d'hiver. Lorsque la température descend à 57° F, les abeilles commencent à former une grappe serrée. À l'intérieur de cette grappe, le couvain (composé d'œufs, de larves et de pupes) est maintenu au chaud - environ 93° F - grâce à la chaleur produite par les abeilles. La ponte de la reine diminue et peut s'arrêter complètement en octobre ou novembre, même si du pollen est stocké dans les rayons. Pendant les hivers froids, la colonie est mise à rude épreuve. Dans des conditions hivernales subtropicales, tropicales et douces, la ponte et l'élevage du couvain ne s'arrêtent généralement jamais.

Lorsque les températures baissent, les abeilles se rapprochent les unes des autres pour conserver leur chaleur. La couche extérieure des abeilles est fortement comprimée, isolant les abeilles au sein de la grappe. Lorsque la température monte et descend, le groupe se dilate et se contracte. Les abeilles de la grappe ont accès aux réserves de nourriture. Pendant les périodes chaudes, la grappe change de position pour couvrir de nouvelles zones de rayons contenant du miel. Une période de froid extrêmement prolongée peut interdire le déplacement de la grappe, et les abeilles peuvent mourir de faim à quelques centimètres seulement du bébé.

La reine reste au sein de la grappe et se déplace avec elle lorsqu'elle change de position. Les colonies qui sont bien approvisionnées en miel et en pollen à l'automne commencent à nourrir la reine de façon stimulante, et celle-ci commence à pondre à la fin décembre ou au début janvier, même dans les régions septentrionales des États-Unis. Ce nouveau couvain aide à remplacer les abeilles qui sont mortes pendant l'hiver. L'importance de l'élevage précoce du couvain est déterminée par les réserves de pollen récoltées au cours de l'automne précédent. Dans les colonies qui manquent de pollen, l'élevage du couvain est retardé jusqu'à ce que de la poudre fraîche soit récoltée sur les fleurs du printemps, et ces colonies sortent généralement de l'hiver avec des populations réduites. La population de la colonie pendant l'hiver diminue généralement parce que les vieilles abeilles continuent de mourir ; cependant, les provinces qui ont produit beaucoup de jeunes abeilles pendant l'automne et qui disposent d'un approvisionnement abondant en pollen et en miel pour l'hiver ont généralement une population saine au printemps.

Activité de printemps

Au début du printemps, l'allongement des jours et les nouvelles sources de pollen et de nectar stimulent l'élevage du couvain. Les abeilles recueillent également de l'eau pour réguler la température et pour liquéfier le miel épais ou granulé dans la préparation de la nourriture du couvain. Les bourdons seront absents ou rares à cette période de l'année.

Plus tard au printemps, la population de la colonie s'accroît rapidement, et la proportion de jeunes abeilles augmente. Au fur et à mesure que la population augmente, la force de travail des abeilles des champs augmente également. Les abeilles des champs peuvent récolter du nectar et du pollen en quantités plus importantes que celles nécessaires à l'élevage du couvain, et des excédents de miel ou de pollen peuvent s'accumuler).

Au fur et à mesure que les jours rallongent et que la température continue à augmenter, la grappe s'agrandit encore et des faux-bourdons sont produits. Avec l'augmentation de l'élevage du couvain et l'augmentation des abeilles adultes qui l'accompagne, la zone du nid de la colonie devient surpeuplée. Les abeilles sont plus nombreuses à l'entrée du nid. Un signe révélateur de surpeuplement est de voir les abeilles ramper et se regrouper autour de la porte par un après-midi chaud.

Combinée à la promiscuité, la reine augmente également la ponte des faux-bourdons afin de préparer la division naturelle de la colonie par essaimage. En plus de l'élevage des ouvrières et des faux-bourdons, les abeilles s'occupent également de l'élevage d'une nouvelle reine. Quelques larves qui se développeraient normalement en abeilles ouvrières sont nourries d'un aliment glandulaire exceptionnel appelé gelée royale, leurs cellules sont reconstruites pour accueillir la reine plus grande, et son rythme de développement est accéléré. Le nombre de cellules royales produites varie selon les races et les souches d'abeilles ainsi que selon les colonies individuelles.

Indépendamment de son encombrement, la colonie va essayer de s'étendre en construisant de nouveaux rayons si la nourriture et l'espace sont disponibles. Ces nouveaux rayons sont généralement utilisés pour le stockage du miel, tandis que les anciens rayons sont utilisés pour le stockage du pollen et l'élevage du couvain.

Essaimage

Lorsque la première reine vierge est presque prête à émerger, et avant l'écoulement principal du nectar, la colonie va essaimer pendant les heures les plus chaudes de la journée. La vieille reine et environ la moitié des abeilles se précipitent en masse par l'entrée. Après avoir volé dans les airs pendant plusieurs minutes, elles se regroupent sur la branche d'un arbre ou un objet similaire. Cette grappe reste généralement pendant une heure environ, en fonction du temps mis par les abeilles éclaireuses pour trouver un nouveau domicile. Lorsqu'un emplacement est trouvé, la grappe se sépare et s'envole vers celui-ci. En arrivant sur le site d'origine, les rayons sont rapidement construits, l'élevage du couvain commence, et le nectar et le pollen sont récoltés. L'essaimage se produit généralement dans les États du Centre, du Sud et de l'Ouest de mars à juin, bien qu'il puisse se produire presque à tout moment d'avril à octobre.

Après le départ de l'essaim, les abeilles restantes de la colonie mère poursuivent leur travail de collecte de nectar, de pollen, de propolis et d'eau. Elles prennent également soin des œufs, des larves et de la nourriture, gardent l'entrée et construisent les rayons. Les bourdons émergents sont nourris de manière à ce qu'il y ait une population de mâles pour l'accouplement de la reine vierge. Lorsqu'elle émerge de sa cellule, elle mange du miel, fait sa toilette pendant un court moment, puis se met à la recherche de reines rivales au sein de la colonie. Un combat mortel élimine toutes les reines sauf une. Lorsque la survivante a environ une semaine, elle s'envole pour s'accoupler avec un ou plusieurs bourdons dans les airs. Les faux-bourdons meurent après l'accouplement, mais la reine accouplée revient au nid en tant que nouvelle reine mère. Les abeilles nourricières s'occupent d'elle, alors qu'avant l'accouplement, elle était ignorée. En 3 ou 4 jours, la reine accouplée commence à pondre des œufs.

Pendant les chaudes journées d'été, la température de la colonie doit être maintenue à environ 93° F. Les abeilles y parviennent en recueillant de l'eau et en la répandant à l'intérieur du nid, ce qui permet son évaporation à l'intérieur de la grappe grâce à son exposition à la circulation de l'air.

Au début de l'été, la colonie atteint sa population maximale et se concentre sur la collecte de nectar et de pollen et le stockage du miel pour l'hiver à venir. Après la reproduction, toute l'activité de la colonie est orientée vers la survie en hiver. L'été est la période de stockage des surplus de nourriture. La période de lumière du jour est alors la plus longue, permettant un maximum de butinage, bien que la pluie ou la sécheresse puisse réduire le vol et la quantité de nectar et de pollen disponible dans les fleurs. C'est pendant l'été que les réserves sont accumulées pour l'hiver. Si le miel stocké est suffisant, l'apiculteur peut en prélever une partie et en laisser suffisamment pour la survie de la colonie.

Récolte du miel et de la cire d'abeille

Lorsque vous extrayez le miel des ruches, les opercules que vous coupez représentent votre principale récolte de cire pour l'année. Vous obtiendrez probablement 1 ou 2 livres de cire pour chaque 100 livres de miel que vous récoltez. Si vous avez une ruche Top Bar et que vous utilisez une presse à miel, vous obtiendrez une quantité encore plus importante de cire d'abeille. Cette cire peut être nettoyée et fondue pour toutes sortes d'utilisations. La valeur de la cire est supérieure à celle du miel. Il vaut donc la peine de faire quelques efforts pour récupérer ce prix. Voici quelques conseils :

Laissez la gravité drainer autant de miel que possible de la cire.

Laissez la cire s'écouler pendant quelques jours. L'utilisation d'un réservoir à double débouchage simplifie considérablement ce processus.

Placez la cire égouttée dans un seau en plastique de 5 gallons et remplissez-le d'eau tiède (pas chaude).

À l'aide d'une pagaie - ou de vos mains - faites tourner la cire dans l'eau pour éliminer le miel restant. Égouttez la cire dans une passoire ou un tamis à miel et répétez ce processus de lavage jusqu'à ce que l'eau soit claire.

Placez la cire lavée dans un bain-marie pour la faire fondre. Utilisez toujours un bain-marie pour faire fondre la cire d'abeille (ne faites jamais fondre la cire d'abeille directement sur une flamme nue car elle est hautement inflammable). Et ne quittez jamais, jamais, la cire en train de fondre, même pour un instant. Si vous avez besoin d'aller aux toilettes, éteignez le fourneau !

Filtrez la cire d'abeille fondue à travers deux couches d'étamine pour éliminer les débris.

Refondre et refiltrer si nécessaire pour éliminer toutes les impuretés de la cire.

La cire rendue peut être versée dans un moule en bloc pour une utilisation ultérieure.

Vous pouvez utiliser une vieille brique de lait en carton, par exemple. Une fois que la cire fondue s'est solidifiée dans l'emballage, il est facile de la retirer en déchirant le carton : vous obtenez alors un gros bloc de cire d'abeille pure, de couleur or clair.

Conclusion

Les gens se lancent généralement dans l'apiculture pour diverses raisons, notamment pour contribuer à la pollinisation croisée des cultures, à l'élevage et à la vente, ou pour obtenir du miel et d'autres produits apicoles, tels que la cire ou la propolis. Les personnes qui souhaitent se lancer dans l'apiculture doivent toujours s'occuper des questions juridiques régissant l'apiculture dans leur localité avant de commencer. Les ruches doivent également être placées dans un endroit suffisamment ensoleillé, à proximité de fleurs et d'une source d'eau. Un emplacement qui n'est pas facilement accessible aux prédateurs d'abeilles sera le plus idéal.

Il faut savoir que la population d'abeilles s'est effondrée ces dernières années dans le monde entier et, compte tenu du rôle qu'elles jouent dans la pollinisation et, par conséquent, dans la production d'oxygène par les plantes (qui, aux dernières nouvelles, est vital pour la survie de l'homme), c'est le moment idéal pour devenir apiculteur, même si ce n'est qu'un passe-temps.

www.ingramcontent.com/pod-product-compliance
Lightning Source LLC
Chambersburg PA
CBHW060526030426
42337CB00015B/1994